Bibliothek des Radio-Amateurs 23. Band
Herausgegeben von **Dr. Eugen Nesper**

Kettenleiter und Sperrkreise

in Theorie und Praxis

Von

C. Eichelberger

Elektro-Ingenieur

Mit 120 Textabbildungen und
einer Rechentafel

Springer-Verlag Berlin Heidelberg GmbH
1925

ISBN 978-3-642-88908-0   ISBN 978-3-642-90763-0 (eBook)
DOI 10.1007/978-3-642-90763-0

Alle Rechte, insbesondere das der Übersetzung
in fremde Sprachen, vorbehalten

Zur Einführung
der Bibliothek des Radioamateurs.

Schon vor der Radioamateurbewegung hat es technische und sportliche Bestrebungen gegeben, die schnell in breite Volksschichten eindrangen; sie alle übertrifft heute bereits an Umfang und an Intensität die Beschäftigung mit der Radiotelephonie.

Die Gründe hierfür sind mannigfaltig. Andere technische Betätigungen erfordern nicht unerhebliche Voraussetzungen. Wer z. B. eine kleine Dampfmaschine selbst bauen will — was vor zwanzig Jahren eine Lieblingsbeschäftigung technisch begabter Schüler war — benötigt einerseits viele Werkzeuge und Einrichtungen, muß andererseits aber auch ein guter Mechaniker sein, um eine brauchbare Maschine zu erhalten. Auch der Bau von Funkeninduktoren oder Elektrisiermaschinen, gleichfalls eine Lieblingsbetätigung in früheren Jahrzehnten, erfordert manche Fabrikationseinrichtung und entsprechende Geschicklichkeit.

Die meisten dieser Schwierigkeiten entfallen bei der Beschäftigung mit einfachen Versuchen der Radiotelephonie. Schon mit manchem in jedem Haushalt vorhandenen Altgegenstand lassen sich ohne besondere Geschicklichkeit Empfangsresultate erzielen. Der Bau eines Kristalldetektorempfängers ist weder schwierig noch teuer, und bereits mit ihm erreicht man ein Ergebnis, das auf jeden Laien, der seine ersten radiotelephonischen Versuche unternimmt, gleichmäßig überwältigend wirkt: Fast frei von irdischen Entfernungen, ist er in der Lage, aus dem Raum heraus Energie in Form von Signalen, von Musik, Gesang usw. aufzunehmen.

Kaum einer, der so mit einfachen Hilfsmitteln angefangen hat, wird von der Beschäftigung mit der Radiotelephonie loskommen. Er wird versuchen, seine Kenntnisse und seine Apparatur zu verbessern, er wird immer bessere und hochwertigere Schaltungen ausprobieren, um immer vollkommener die aus dem Raum kommenden Wellen aufzunehmen und damit den Raum zu beherrschen.

Diese neuen Freunde der Technik, die „Radioamateure", haben in den meisten großzügig organisierten Ländern die Unterstützung weitvorausschauender Politiker und Staatsmänner gefunden unter dem Eindruck des universellen Gedankens, den das Wort „Radio" in allen Ländern auslöst. In anderen Ländern hat man den Radioamateur geduldet, in ganz wenigen ist er zunächst als staatsgefährlich bekämpft worden. Aber auch in diesen Ländern ist bereits abzusehen, daß er in seinen Arbeiten künftighin nicht beschränkt werden darf.

Wenn man auf der einen Seite dem Radioamateur das Recht seiner Existenz erteilt, so muß naturgemäß andererseits von ihm verlangt werden, daß er die staatliche Ordnung nicht gefährdet.

Der Radio-Amateur muß technisch und physikalisch die Materie beherrschen, muß also weitgehendst in das Verständnis von Theorie und Praxis eindringen.

Hier setzt nun neben der schon bestehenden und täglich neu aufschießenden, in ihrem Wert recht verschiedenen Buch- und Broschürenliteratur die „Bibliothek des Radioamateurs" ein. In knappen, zwanglosen und billigen Bändchen wird sie allmählich alle Spezialgebiete, die den Radioamateur angehen, von hervorragenden Fachleuten behandeln lassen. Die Koppelung der Bändchen untereinander ist extrem lose: jedes kann ohne die anderen bezogen werden, und jedes ist ohne die anderen verständlich.

Die Vorteile dieses Verfahrens liegen nach diesen Ausführungen klar zutage: Billigkeit und die Möglichkeit, die Bibliothek jederzeit auf dem Stande der Erkenntnis und Technik zu erhalten. In universeller gehaltenen Bändchen werden eingehend die theoretischen Fragen geklärt.

Kaum je zuvor haben Interessenten einen solchen Anteil an literarischen Dingen genommen, wie bei der Radioamateurbewegung. Alles, was über das Radioamateurwesen veröffentlicht wird, erfährt eine scharfe Kritik. Diese kann uns nur erwünscht sein, da wir lediglich das Bestreben haben, die Kenntnis der Radiodinge breiten Volksschichten zu vermitteln. Wir bitten daher um strenge Durchsicht und Mitteilung aller Fehler und Wünsche.

Dr. Eugen Nesper.

Vorwort.

Das vorliegende Werk führt den Leser in ein Gebiet ein, das dem Radio-Amateur bekannt ist und von dem er auch schon einiges gehört hat. In neuerer Zeit kommt dies Gebiet mehr zur Geltung, wegen der großen Bedeutung der Sperrkreise und Kettenleiter, die zur Ausschaltung der Ortssender dienen.

Wenn die Frage gestellt werden würde, welchen Zweck verfolgen die Sperrkreise oder welches sind die Bestandteile eines Sperrkreises, so wird jeder Radiofreund, der sich etwas mit dieser Materie befaßt hat, eine Antwort darauf geben können. Er ist sich auch über die Bedeutung der Sperrkreise im klaren. Herr Dr. Nesper schreibt hierüber treffend:

„Die Sperrkreisanordnungen erfreuen sich ja nicht nur bereits zur Zeit des größten Interesses, sondern werden auch vor allem in der Zukunft besonders aktuell sein, da sich durch die Verstärkung mancher Sendestationen noch mehr als bisher das Bestreben herausbilden wird, sich von den Ortssendern frei zu machen."

Was die Theorie der Sperrkreise und Kettenleiter anbelangt, so ist dieselbe ziemlich verwickelter Natur, und es werden an das Studium derselben mancherlei Anforderungen gestellt. Im vorliegenden Bändchen soll der Versuch gemacht werden, Sperrkreise und Kettenleiter in Theorie und Praxis zu behandeln. Damit soll zwei Wünschen Rechnung getragen werden. Diejenigen, die gerne etwas aus der Theorie wissen wollen, finden darin manches, was sie suchen. Der Praktiker und Bastler, dem die graue Theorie Nebensache ist, findet verschiedene Schaltanordnungen, wie Sperrkreise und Kettenleiter eingebaut werden können. Auch sind die Größenabmessungen für Spulen und Kondensatoren angegeben. Die Werte sind z. T. im Text zu suchen oder den Abbildungen beigeschrieben.

Die Arbeit zerfällt in zwei Hauptteile, die unabhängig voneinander gelesen werden können.

1. **Theoretischer Teil.** Derselbe umfaßt den ersten Teil und ist für den wissenschaftlich arbeitenden Radio-Amateur bestimmt. Allerdings mußte der Verfasser wegen der Theorie der Kettenleiter die symbolische Methode zur Lösung von Wechselstromaufgaben heranziehen. Auf einfache Art und Weise kann dies Gebiet nicht gut behandelt werden. Dadurch, daß einige Zahlenbeispiele durchgerechnet wurden, wird der weniger mit der symbolischen Methode Vertraute sich bald einarbeiten und zurechtfinden. Die Ausrechnung der Zahlenwerte erfolgte mit Hilfe des kleinen Rechenschiebers bzw. der zum Schluß angegebenen Rechentafel, so daß die Genauigkeit keine allzu große ist. Um die symbolische Methode verstehen zu können, muß der Leser die Theorie der komplexen Zahlen beherrschen. Die mathematische Behandlung der Kettenleiter erfolgte nach den allgemein gültigen Regeln. An dieser Stelle möge darauf aufmerksam gemacht werden, daß die Kettenleiter sich auch. als kombinierte Wechselstromwiderstände bearbeiten ließen Allerdings kommt hierbei die sperrende Wirkung nicht gut zum Ausdruck.

2. **Praktischer Teil.** Der zweite Teil ist für den Praktiker geschrieben. In diesem Teil sind so gut denn möglich die Formeln vermieden, um ihn allgemeinverständlich zu halten. Es wird in diesem Abschnitt angegeben, wie Sperrkreise und Kettenleiter eingebaut werden können. Außerdem werden Angaben über Dimensionen gemacht.

Absichtlich habe ich, um nicht zu weit ins einzelne gehen zu müssen, in diesem Bändchen vermieden, ganze Schaltschemen zu geben. Es werden die Schaltschemen nur insoweit angegeben, wie sie für den Einbau von Sperrkreisen von Bedeutung sind.

Der Vorteil des Werkes liegt in dem Gebotenen und der Nachteil im Fehlenden.

Hainichen, im August 1925.

C. Eichelberger.

Inhaltsverzeichnis.

I. Theoretischer Teil.

II. Praktischer Teil.

I. Theoretischer Teil.

A. Mathematische und physikalische Formeln und Grundgesetze.

1. Mathematische Formeln.

a) Potenzen, Wurzeln, Logarithmen.

$$a^{-x} = \frac{1}{a^x} \qquad a^0 = 1 \qquad a^1 = a$$

$$a^x \cdot a^y = a^{x+y} \qquad a^x : a^y = a^{x-y}$$

$$(a \cdot b)^x = a^x \cdot b^x \qquad (a^x)^y = a^{xy}$$

$$\sqrt[n]{a^m} = a^{\frac{m}{n}}$$

$$a^x = b \qquad x \cdot \log(a) = \log(b)$$

$$\log(a \cdot b) = \log(a) + \log(b) \qquad \log(a:b) = \log(a) - \log(b)$$

$$\ln(a) = 2{,}3026 \cdot \log(a) \qquad \log(a) = 0{,}4343 \cdot \ln(a)$$

e ist Basis des natürlichen Logarithmensystems. $\ln(e) = 1$.

b) Gleichungen.

$$\alpha) \quad a \cdot x = b \qquad x = b : a$$

$$\beta) \quad \begin{array}{ll} a_1 x + b_1 y = c_1 & \quad\quad -a_2 \quad\quad -b_2 \\ a_2 x + b_2 y = c_2 & \quad\quad\ \ a_1 \quad\quad\ \ b_1 \end{array}$$

$$-a_1 a_2 x - a_2 b_1 y = -a_2 c_1 \qquad -a_1 b_2 x - b_1 b_2 y = -b_2 c_1$$

$$a_1 a_2 x + a_1 b_2 y = \quad a_1 c_2 \qquad a_2 b_1 x + b_1 b_2 y = \quad b_1 c_2$$

$$y(a_1 b_2 - a_2 b_1) = a_1 c_2 - a_2 c_1 \qquad x(a_2 b_1 - a_1 b_2) = b_1 c_2 - b_2 c_1$$

$$y = \frac{a_1 c_2 - a_2 c_1}{a_1 b_2 - a_2 b_1} \qquad x = \frac{b_1 c_2 - b_2 c_1}{a_2 b_1 - a_1 b_2}$$

$$\gamma) \quad x^2 = a \qquad x = \pm \sqrt{a}$$

$$\delta) \quad a x^2 + b x + c = 0 \qquad x = -\frac{b}{2a} \pm \sqrt{\left(\frac{b}{2a}\right)^2 - \frac{c}{a}}.$$

c) Rechnen mit imaginären Zahlen.

Im allgemeinen wird die imaginäre Einheit mit i bezeichnet. Damit jedoch keine Verwechslungen mit der Stromstärke i eintreten können, soll künftig die imaginäre Einheit mit j bezeichnet werden.

$$j = \sqrt{-1} \qquad j^2 = -1$$
$$a + bj = c + dj \qquad a = c \qquad b = d$$

$a + bj$ und $a - bj$ sind konjugiert komplexe Zahlen.

$$\mathfrak{z} = a + bj = r \cdot (\cos(\varphi) + j \sin(\varphi)) = r \cdot e^{j\varphi}$$
$$r^2 = a^2 + b^2 \qquad \mathrm{tg}(\varphi) = b : a$$
$$\mathfrak{z} = (a + bj) + (c + dj) = (a + c) + j \cdot (b + d)$$
$$\mathfrak{z} = (a + bj) \cdot (c + dj) = ac - bd + j \cdot (bc + ad)$$
$$\mathfrak{z} = \frac{a + bj}{c + dj} = \frac{(a + bj) \cdot (c - dj)}{(c + dj) \cdot (c - dj)} = \frac{ac + bd + j(bc - ad)}{c^2 + d^2}.$$

Zahlenbeispiele:

$\alpha)\quad \mathfrak{z} = 3 + 4j = r \cdot (\cos(\varphi) + j \cdot \sin(\varphi))$
$$r = \sqrt{3^2 + 4^2} = 5 \qquad \mathrm{tg}(\varphi) = 4 : 3 = 1{,}333$$
$$\varphi = 53^0$$
$$\mathfrak{z} = 5 \cdot (\cos 53^0 + j \sin 53^0)$$

$\beta)\quad \mathfrak{z} = \dfrac{2 + 3j}{(1 + j)} = \dfrac{(2 + 3j) \cdot (1 - j)}{(1 + j) \cdot (1 - j)} = \dfrac{2 + 3j - 2j + 3}{1^2 + 1^2}$
$$\mathfrak{z} = \frac{5 + j}{2} = 2{,}5 + 0{,}5\,j.$$

d) Graphische Darstellung.

Jeder Gleichung mit zwei Unbekannten entspricht bildlich eine Kurve, wie folgende Beispiele zeigen.

$\alpha)$ Eine Kurve hat folgende Gleichung:
$$3 \cdot x + 2 \cdot y = 6$$
$$y = \frac{6 - 3x}{2}$$

$x =$	-2	-1	0	1	2	3
$y =$	6	$4{,}5$	3	$1{,}5$	0	$-1{,}5$

Dieser Kurvengleichung entspricht bildlich eine Gerade, wie Abb. 1 angibt.

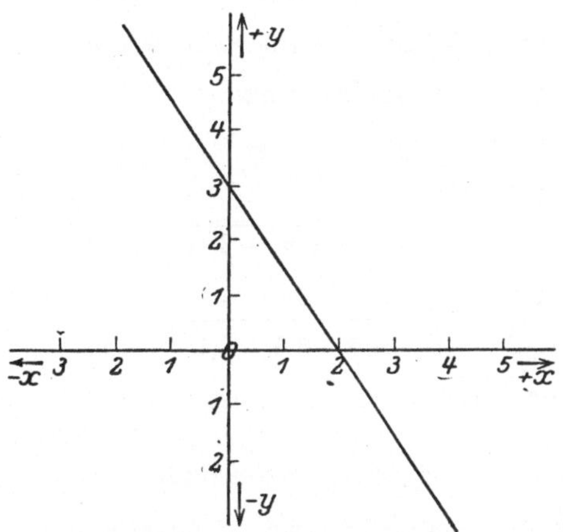

Abb. 1. Bildliche Darstellung der Gleichung: $3 \cdot x + 2 \cdot y = 6$.

β) Die Gleichung einer Kurve lautet:

$$x + y^2 = 25$$
$$y = \sqrt{25 - x^2}$$

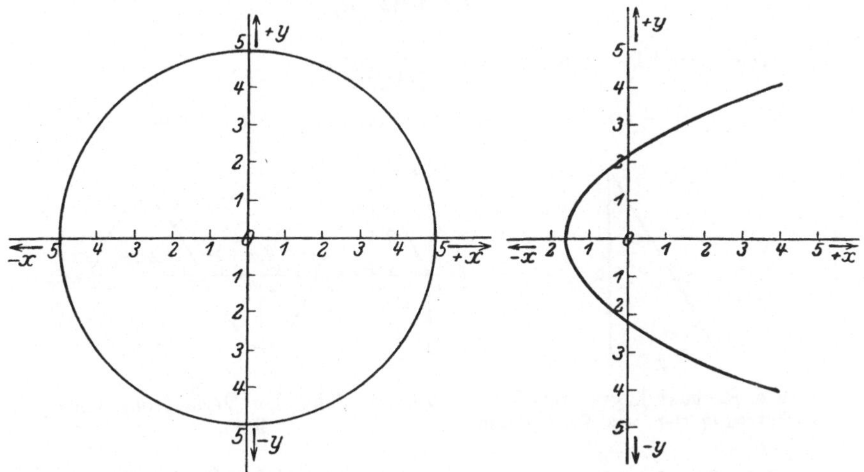

Abb. 2. Bildliche Darstellung der Gleichung: $x^2 + y^2 = 25$.

Abb. 3. Bildliche Darstellung der Gleichung: $y^2 - 3 \cdot x = 5$.

1*

$x =$	0	± 1	± 2	± 3	± 4	± 5	± 6
$y =$	± 5	$\pm 4{,}9$	$\pm 4{,}6$	± 4	± 3	0	—

Obiger Kurvengleichung entspricht ein Kreis. Vgl. Abb. 2.

γ) Es ist die Kurvengleichung:

$$y^2 - 3 \cdot x = 5$$

graphisch darzustellen.

$$y = \sqrt{5 + 3 \cdot x}$$

$x =$	0	1	2	3	4	-1	-2
$y =$	$2{,}2$	$2{,}8$	$3{,}3$	$3{,}7$	$4{,}1$	$1{,}4$	—

Obiger Kurvengleichung entspricht eine Parabel. Abb. 3.

e) Trigonometrie.

$$\sin(\alpha) = b : c \qquad \cos(\alpha) = a : c \qquad \mathrm{tg}(\alpha) = b : a \qquad \text{Vgl. Abb. 4.}$$

$$\sin^2(\alpha) + \cos^2(\alpha) = 1 \qquad \mathrm{tg}(\alpha) = \sin(\alpha) : \cos(\alpha)$$

$$\sin(\alpha + \beta) = \sin(\alpha) \cdot \cos(\beta) + \cos(\alpha) \cdot \sin(\beta)$$

$$\cos(\alpha + \beta) = -\sin(\alpha) \cdot \sin(\beta) + \cos(\alpha) \cdot \cos(\beta)$$

$$\sin(\alpha) = \sqrt{1 - \cos^2(\alpha)} = \frac{\mathrm{tg}\,\alpha}{\sqrt{1 + \mathrm{tg}^2(\alpha)}}$$

$$\cos(\alpha) = \sqrt{1 - \sin^2(\alpha)} = \frac{1}{\sqrt{1 + \mathrm{tg}^2(\alpha)}}$$

$$\sin(-\alpha) = -\sin(\alpha) \qquad \cos(-\alpha) = \cos(\alpha) \qquad \mathrm{tg}(-\alpha) = -\mathrm{tg}(\alpha).$$

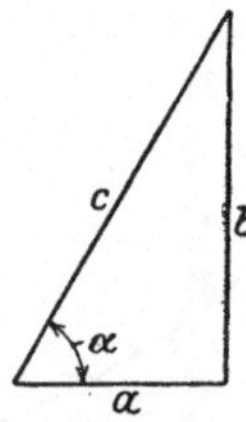
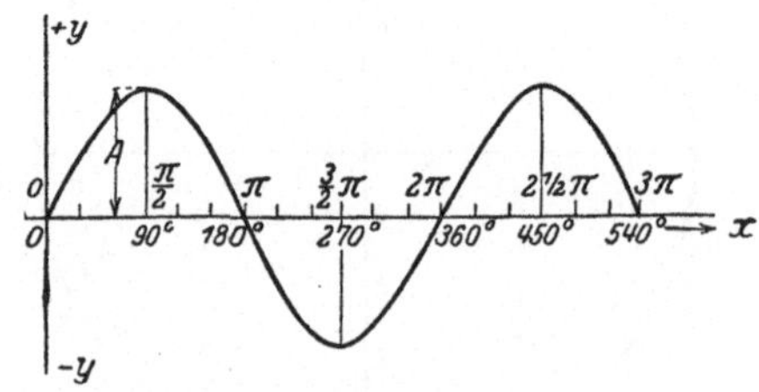

Abb. 4. Rechtwinkliges Dreieck zur Erläuterung der trig. Funktionen.

Abb. 5. Bildlicher Verlauf der Sinuslinie.

Die Gleichung:

$$y = A \cdot \sin x$$

stellt bildlich die Sinuslinie dar, Abb. 5. Zur Umrechnung vom Bogenmaß in das Gradnetz dient die Gleichung

$$2 \cdot \pi = 360^0 \qquad \pi = 180^0.$$

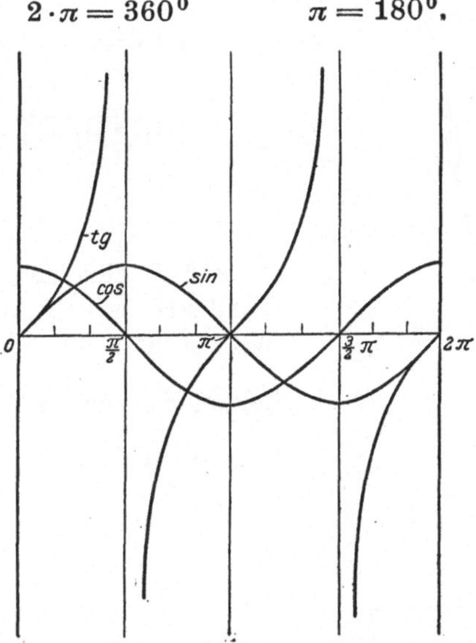

Abb. 6. Bildliche Darstellung der trigonometrischen Funktionen.

Abb. 6 stellt den bildlichen Verlauf der einzelnen trigonometrischen Funktionen dar. In Abb. 7 sind zwei phasenverschobene Sinuslinien angegeben.

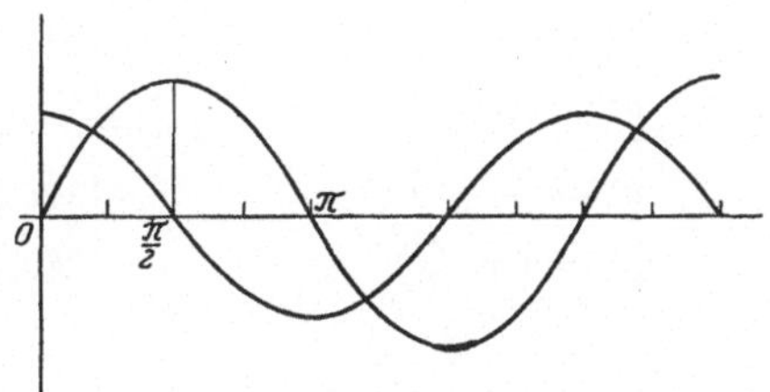

Abb. 7. Zwei phasenverschobene Sinuslinien.

f) Hyperbelfunktionen.

e ist die Basis des natürlichen Logarithmensystems.

$$\mathfrak{Sin}(\alpha) = \frac{e^a - e^{-a}}{2} \qquad \mathfrak{Cof}(\alpha) = \frac{e^a + e^{-a}}{2} \qquad \mathfrak{Tg}(\alpha) = \frac{e^a - e^{-a}}{e^a + e^{-a}}$$

$$\mathfrak{Sin}(-\alpha) = -\,\mathfrak{Sin}(\alpha) \qquad \mathfrak{Cof}(-\alpha) = \mathfrak{Cof}(\alpha) \qquad \mathfrak{Tg}(-\alpha) = -\,\mathfrak{Tg}(\alpha)$$

$$\mathfrak{Cof}^2(\alpha) - \mathfrak{Sin}^2(\alpha) = 1 \qquad\qquad \mathfrak{Tg}(\alpha) = \mathfrak{Sin}(\alpha):\mathfrak{Cof}(\alpha)$$

$$\mathfrak{Sin}(\alpha) = \sqrt{\mathfrak{Cof}^2(\alpha) - 1} = \frac{\mathfrak{Tg}(\alpha)}{\sqrt{1 - \mathfrak{Tg}^2(\alpha)}}$$

$$\mathfrak{Cof}(\alpha) = \sqrt{\mathfrak{Sin}^2(\alpha) + 1} = \frac{1}{\sqrt{1 - \mathfrak{Tg}^2(\alpha)}}.$$

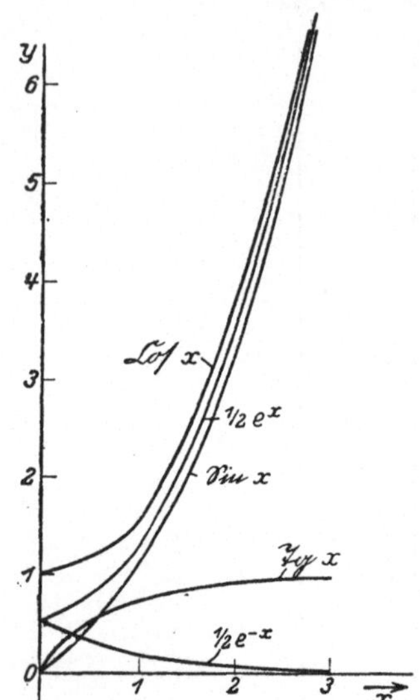

Abb. 8. Bildliche Darstellung der Exponentialfunktion und hyperbolischen Funktionen.

Abb. 8 gibt den bildlichen Verlauf der Hyperbelfunktionen. Außerdem enthält sie den Verlauf der beiden Kurven $\frac{1}{2}\,e^{+x}$ und $\frac{1}{2}\,e^{-x}$ einzeln angegeben.

g) Differential- und Integralrechnung.

$$y = x^n \qquad\qquad y' = n\,x^{n-1} \qquad\qquad \int y\,dx = \frac{x^{n+1}}{n+1} + C$$

$$y = e^x \qquad\qquad y' = e^x \qquad\qquad\qquad = e^x + C$$

$$y = \sin(x) \qquad\qquad y' = \cos(x) \qquad\qquad\quad = -\cos(x) + C$$

$$y = \cos(x) \qquad\qquad y' = -\sin(x) \qquad\qquad = \sin(x) + C$$

$$y = \mathfrak{Sin}(x) \qquad\qquad y' = \mathfrak{Cof}(x) \qquad\qquad = \mathfrak{Cof}(x) + C$$

$$y' = \frac{dy}{dz}\cdot\frac{dz}{dy}$$

h) Zusammenhang zwischen trigonometrischen und hyperbolischen Funktionen.

e ist die Basis des natürlichen Logarithmensystems.

$$e^x = 1 + \frac{x}{1\cdot 1} + \frac{x^2}{1\cdot 2} + \frac{x^3}{1\cdot 2\cdot 3} + \frac{x^4}{1\cdot 2\cdot 3\cdot 4} + \cdots$$

$$\sin(x) = \frac{x}{1} - \frac{x^3}{1\cdot 2\cdot 3} + \frac{x^5}{1\cdot 2\cdot 3\cdot 4\cdot 5} - + \cdots$$

$$\cos(x) = 1 - \frac{x^2}{1\cdot 2} + \frac{x^4}{1\cdot 2\cdot 3\cdot 4} - + \cdots$$

$$\mathfrak{Sin}\,\alpha + \mathfrak{Cof}\,\alpha = e^{\alpha} \qquad\qquad \mathfrak{Cof}\,\alpha - \mathfrak{Sin}\,\alpha = e^{-\alpha}$$

$$\sin\alpha = \frac{e^{j\alpha} - e^{-j\alpha}}{2\,j} \qquad\qquad \cos\alpha = \frac{e^{j\alpha} + e^{j\alpha}}{2}$$

$$\mathfrak{Sin}(\alpha) = -\,j\sin(j\alpha) \qquad\qquad \sin(\alpha) = -\,j\,\mathfrak{Sin}(j\alpha)$$

$$\mathfrak{Cof}(\alpha) = \cos(j\alpha) \qquad\qquad \cos(\alpha) = \mathfrak{Cof}(j\alpha)$$

$$\mathfrak{Tg}(\alpha) = -\,j\,\mathrm{tg}(j\alpha) \qquad\qquad \mathrm{tg}(\alpha) = -\,j\,\mathfrak{Tg}(j\alpha).$$

i) **Tabelle der Expotentialfunktion, trigonometrischen Funktionen und hyperbolischen Funktionen[1]).**

Tabelle 1.

x	x in Grad	$\frac{1}{2}e^{x}$	$\frac{1}{2}e^{-x}$	$\mathfrak{Sin}(x)$	$\mathfrak{Cof}(x)$	$\mathfrak{Tg}(x)$	$\sin(x)$	$\cos(x)$	$\mathrm{tg}(x)$
0,0	0	0,500	0,500	0,000	1,00	0,000	0,000	1,000	0,000
0,2	11,45⁰	0,611	0,409	0,201	1,02	0,197	0,198	0,980	0,203
0,4	22,9 ⁰	0,745	0,335	0,411	1,08	0,380	0,390	0,921	0,423
0,6	34,35⁰	0,911	0,274	0,637	1,19	0,537	0,564	0,825	0,682
0,8	45,8⁰	1,110	0,225	0,888	1,34	0,664	0,717	0,696	1,028
1,0	57,25⁰	1,36	0,184	1,18	1,54	0,762	0,841	0,539	1,555
1,2	68,7⁰	1,66	0,151	1,51	1,81	0,834	0,931	0,363	2,565
1,4	80,15⁰	2,03	0,123	1,90	2,15	0,885	0,985	0,171	5,78
1,6	91,6⁰	2,48	0,101	2,38	2,58	0,922	0,999	−0,028	−35,7
1,8	103,05⁰	3,02	0,083	2,94	3,11	0,947	0,974	−0,225	−4,33
2,0	114,6⁰	3,69	0,067	3,63	3,76	0,964	0,909	−0,416	−2,184
2,5	143,25⁰	6,12	0,041	6,05	6,14	0,986	0,598	−0,803	−0,745
3,0	171,9⁰	10,0	0,025	10,0	10,1	0,995	0,140	−0,990	−0,141
3,5	200,55⁰	16,7	0,015	16,7	16,7	1,000	−0,350	−0,936	+0,374
4,0	229,2⁰	27,3	0,0092	27,3	27,3	1,000	−0,757	−0,653	+1,159
4,5	257,85⁰	45,0	0,0055	45,0	45,0	1,000	−0,978	−0,210	+4,66
5,0	286,5⁰	74,2	0,0034	74,2	74,2	1,000	−0,958	+0,284	−3,37
5,5	315,15⁰	122	0,0020	122	122	1,000	−0,707	+0,710	−0,994

Ausführliche Tabellen: a) **Freytag**: Hilfsbuch für Maschinenbau; Verlag Julius Springer; b) **Dubbel**: Taschenbuch für den Maschinenbau; Verlag Julius Springer.

2. Physikalische Grundgesetze.

a) Einheiten der physikalischen Größen und Umrechnungswerte.

α) Einheiten der vorkommenden physikalischen Größen[1]).

I Strom in Ampere (Gleichstrom und Effektivwert bei Wechselstrom); i Strom als Momentanwert.

P Spannung in Volt (Gleichstrom und Effektivwert bei Wechselstrom); p Spannung als Momentanwert.

r Widerstand in Ohm (R).

C Kapazität in Farad.

L Selbstinduktion in Henry.

W Leistung in Watt.

f Periodenzahl in Hertz.

$\omega = 2 \cdot \pi \cdot f$ Kreisfrequenz.

v Fortpflanzungsgeschwindigkeit des elektrischen Stroms. $300\,000$ km sec$^{-1} = 3 \cdot 10^{10}$ cm sec^{-1}.

$$\lambda = \frac{v}{f} \text{ Wellenlänge in Meter.} \qquad \lambda = \frac{2\,\pi}{100} \sqrt{L_{cm} \cdot C_{cm}}$$

Q Elektrizitätsmenge in Coulomb.

z Scheinwiderstand in Ohm.

$y = 1/z$ Scheinleitwert in Siemens.

$\omega \cdot L$ bzw. $1/\omega \cdot C$ Blindwiderstände in Ohm.

β) Umrechnungswerte bei Selbstinduktion.

1 Henry $= 10^9$ cm $= 1\,000\,000\,000$ cm,

1 Millihenry $= 10^6$ cm; 10^3 Millihenry $= 1$ Henry.

γ) Umrechnungswerte bei Kapazität.

1 Farad $= 9 \cdot 10^{11}$ cm,

1 Mikrofarad $= 9 \cdot 10^5$ cm $= 900\,000$ cm,

10^6 Mikrofarad $= 1$ Farad.

b) Widerstand, Selbstinduktion und Kapazität in Gleich- und Wechselstromkreisen.

α) Widerstand. Jeder Leiter setzt dem elektrischen Stromdurchgang einen Widerstand entgegen. Es bleibt sich gleich-

---

[1]) Soweit möglich werden in vorliegender Arbeit die von AEF angegebenen Zeichen verwendet. Eine Ausnahme bildet die Spannung, die mit P (p) bezeichnet wurde, da e die Basis des natürlichen Logarithmensystems bedeutet.

gültig, ob es sich um Wechselstrom oder Gleichstrom handelt.
Bei Gleichstrom gilt nach dem Gesetz von Ohm an Hand der
Abb. 9:

$$I = P/r.$$

Besitzt der Leiter keine Selbstinduktion, ist der Widerstand
induktionsfrei, so entspricht
in jeden Augenblick dem
Momentanwert p der Spannung ein Momentanwert i
des Stromes. Es gilt:

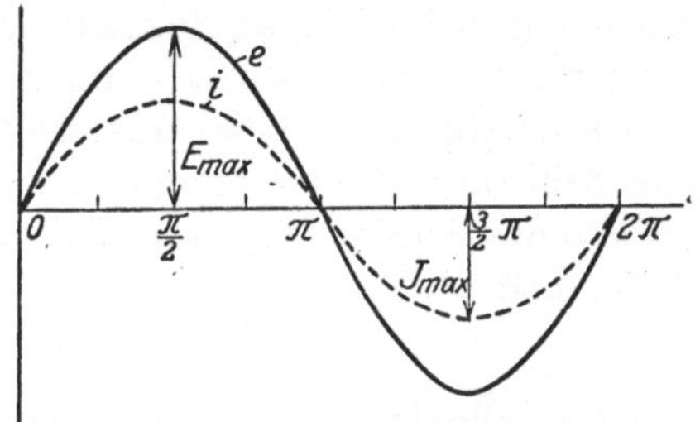

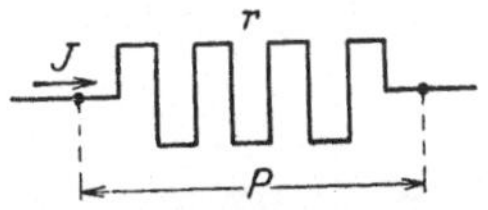

Abb. 9. Gebilde mit nur
Widerstand.

Abb. 10. Strom und Spannungsverlauf
bei Wechselstrom an einem Gebilde mit
nur Widerstand.

$$i = p/r = \frac{P_{max} \cdot \sin(\omega t)}{r}.$$

Diese Gleichung gilt unter der Annahme, daß die Spannung
sinusförmig verläuft:

$$p = P_{max} \cdot \sin(\omega t).$$

Graphisch entspricht der sinusförmigen Spannungskurve
eine sinusförmige Stromkurve, wie Abb. 10 zeigt. Für Effektivwerte, die von den Meßinstrumenten angezeigt werden, gilt:

$$I = P/r.$$

Enthält ein Wechselstromkreis nur induktionsfreien Widerstand, so sind Strom und Spannung in Phase und für die
Effektivwerte gilt das bekannte „Ohmsche Gesetz".

β) **Selbstinduktion.** Wird ein
Leiter so in einem Magnetfeld
bewegt, daß der magnetische Fluß
durch die vom Leiter umränderte
Fläche zu- oder abnimmt, so wird
in dem Leiter ein Induktionsstrom
hervorgerufen. Wird daher durch
die Spule — Abb. 11 —, deren

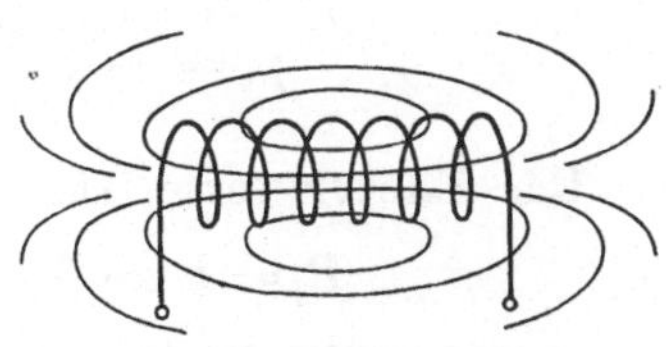

Abb. 11. Magnetisches Feld einer
stromdurchflossenen Spule

Widerstand vernachlässigbar klein sein soll, ein Strom geschickt, so ruft dieser ein Magnetfeld hervor. Ändert sich der hindurchfließende Strom, so nimmt der magnetische Fluß immer andere Werte an. In dem Leiter, d. h. in diesem Falle in den Windungen der Spule wird mit Hilfe des eigenen Magnetfeldes eine EMK der Induktion hervorgerufen. Diese Erscheinung heißt Selbstinduktion. Die durch diese Erscheinung bedingte Spannung wirkt beim Einschalten des Stromes demselben entgegen und beim Ausschalten in Richtung des Stromes. Die Selbstinduktionsspannung hängt der Größe nach von dem Selbstinduktionskoeffizienten L und der Stromänderung in der Zeiteinheit ab

$$P_s = - L \cdot di/dt .$$

Die Selbstinduktion kommt in ihrer Wirkung nur bei veränderlichen Strömen, im besonderen bei Wechselströmen, in Betracht. Bei Gleichstrom ist sie nicht von Einfluß, da di/dt Null ist. Somit wird bei Gleichstrom der Wert für die Spannung P_s gleich Null.

Wird die Spule — Abb. 12 — mit dem Widerstandswert Null (praktisch nicht möglich) und dem Selbstinduktionskoeffizienten L in Henry an eine sinusförmige Wechselstromspannung p angeschlossen, so fließt ein sinusförmiger Strom i durch dieselbe. Dadurch entsteht in der Spule ein Wechselfeld (wechselndes magnetisches Feld). Dies hat zur Folge, daß eine EMK der Selbstinduktion hervorgerufen wird, die dem Strom entgegenwirkt. Sie berechnet sich bei sinusförmigem Stromverlauf zu:

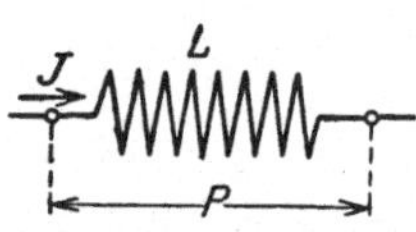

Abb. 12. Spule mit nur Selbstinduktion.

$$i = I_{max} \cdot \sin (\omega t)$$

$$p_s = - L \cdot \frac{di}{dt} = - \omega L \cdot I_{max} \cdot \cos (\omega t).$$

Für Effektivwerte ist:

$$P_s = I \cdot \omega \cdot L, \qquad \omega \cdot L = P_s/I.$$

$\omega \cdot L$ hat die Bedeutung eines Widerstandes und heißt induktiver Widerstand. Außerdem tritt bei Selbstinduktion zwischen Strom und Spannung eine Phasenverschiebung von 90^0 auf. Abb. 13 gibt Strom und Spannungsverlauf an.

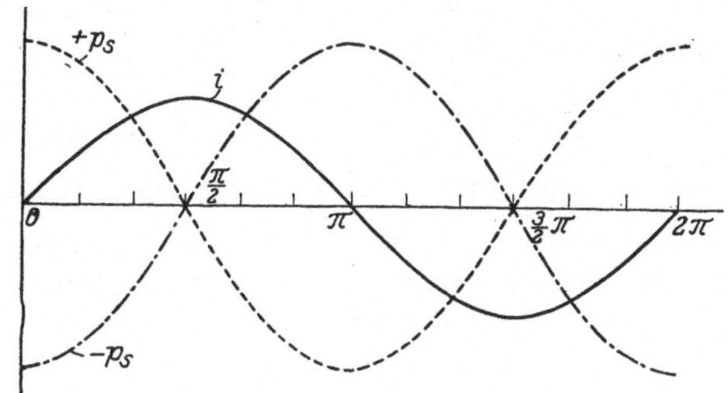

Abb. 13. Strom- und Spannungsverlauf bei Wechselstrom an einem Gebilde mit nur Selbstinduktion.

Enthält ein Wechselstromkreis nur Selbstinduktion, also nur induktiven Widerstand, so gilt das „Ohmsche Gesetz" in abgeänderter Form, da $\omega \cdot L$ als Widerstand wirkt. Zwischen Strom und Spannug tritt eine Phasenverschiebung von 90^0 auf.

γ) **Kapazität.** Verbindet man die Belege eines Kondensators mit einer Gleichstromquelle der Spannung P, so fließt kein Strom in den Zuleitungen, da die beiden Kondensatorbelege durch die Isolierschicht voneinander getrennt sind. Vgl. Abb. 14. Besitzt der Kondensator die Kapazität C Farad, so wird er lediglich bei Gleichstrom aufgeladen, d. h. es wird eine gewisse Elektrizitätsmenge Q angesammelt. Sie bestimmt sich nach:

Abb. 14. Kondensator in einem Stromkreis.

$$Q = C \cdot P.$$

Wird jedoch nun der Kondensator an eine Wechselstromquelle angeschlossen, dessen sinusförmige Spannung den Verlauf:

$$p = P_{\mathrm{max}} \cdot \sin(\omega t)$$

annimmt, so fließt jeden Augenblick an die Belege des Kondensators ein Strom, da sich dauernd die Ladung des Kondensators ändert. Da der Strom definiert ist, durch die in der Zeiteinheit durch einen Leiter fließende Elektrizitätsmenge, ergibt sich das Gesetz des Stromverlaufes zu:

$$i = \frac{dQ}{dt} = C \cdot \frac{dp}{dt} = C \cdot \omega\, P_{max} \cdot \cos(\omega t).$$

Für Effektivwert gilt:

$$I = P \cdot \omega \cdot C \qquad\qquad \frac{P}{I} = \frac{1}{\omega C}.$$

$\dfrac{1}{\omega C}$ hat die Bedeutung eines Widerstandes und heißt kapazitiver Widerstand. Zwischen Strom und Spannung tritt ebenfalls eine Phasenverschiebung von 90^0 auf. Abb. 15 gibt Strom- und Spannungsverlauf an.

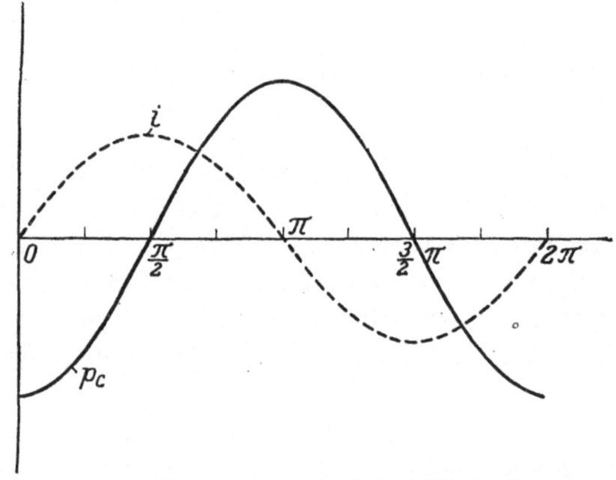

Abb. 15. Strom- und Spannungsverlauf bei Wechselstrom an einem Kondensator.

Enthält ein Wechselstromkreis einen Kondensator, so gilt auch hier das „Ohmsche Gesetz" nur in abgeänderter Form, da $1/\omega \cdot C$ wie ein Widerstand wirkt. Zwischen Strom und Spannung tritt ebenfalls eine Phasenverschiebung von 90^0 auf.

Kapazität und Selbstinduktion sind in ihrer Wirkung entgegengesetzt.

c) Graphische Behandlung von Wechselstromaufgaben.

Anstatt den Wechselstrom durch eine Kurve darzustellen, was begrifflich am einfachsten ist, kann man ihn auch durch eine gerichtete Größe, d. h. einen Vektor, eindeutig bestimmen. Die letztere Darstellung ist bequemer.

Es rotiere — Abb. 16 — um den Punkt O die Gerade MN als Zeitlinie gedacht mit der gleichförmigen Winkelgeschwindigkeit ω. Zieht man von O aus den Vektor $OA = I_{max}$, so nimmt

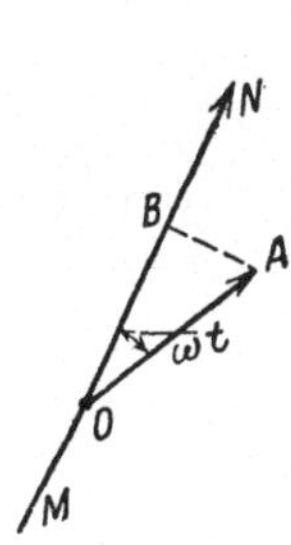

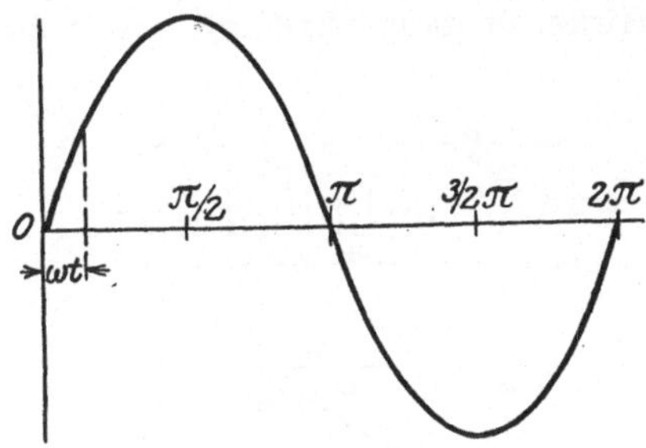

Abb. 16. Vektorielle Darstellung des Wechselstromes.

Abb. 17. Liniendiagramm des Wechselstromes.

die Projektion von A auf MN verschiedene Werte an, die sich nach der Größe des Winkels ωt richten. Trägt man nun die Projektion von A auf die Zeitlinie für verschiedene Winkel ωt im rechtwinkligen Koordinatensystem auf — Abb. 17 —, so wird die Sinuslinie erhalten.

Der zeitliche Verlauf von Wechselströmen kann durch Vektoren eindeutig bestimmt werden. Die Anfangslage ist durch Angabe der Amplitudengröße und des Phasenwinkels bekannt.

Die Addition zweier Wechselströme geschieht nach dem Kräfteparallelogramm. Sie heißt geometrische Addition. Das Vektorendiagramm Abb. 18 erlaubt die Zusammensetzung elektrischer Größen.

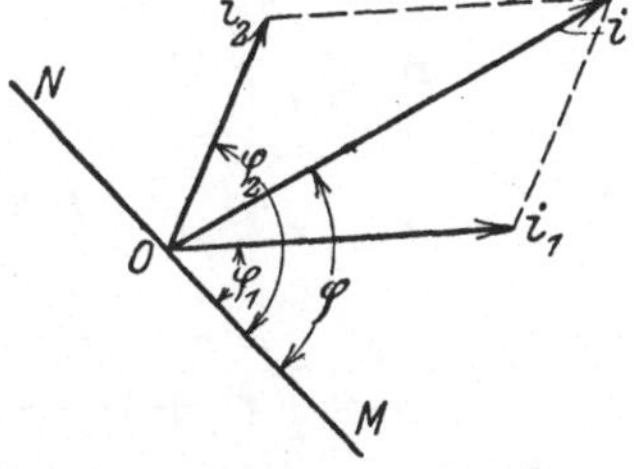

Abb. 18. Addition zweier phasenverschobener Wechselströme.

α) Wechselstromkreis mit Widerstand und Selbstinduktien in Hintereinanderschaltung. Abb. 19.

$$P^2 = P_r^2 + P_s^2$$

$$P_r = I \cdot r \qquad P_s = I \omega L$$

$$P = I \cdot \sqrt{r^2 + (\omega L)^2} = I \cdot z$$

$$z = \sqrt{r^2 + (\omega L)^2} \qquad \operatorname{tg}(\varphi) = \frac{\omega L}{r} = \frac{P_s}{P_r}.$$

β) **Wechselstromkreis mit Widerstand und Kapazität in Hintereinanderschaltung.** Abb. 20.

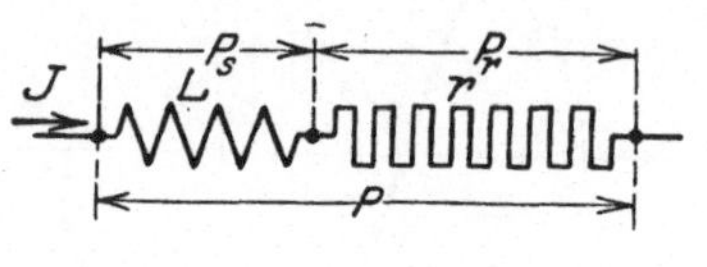

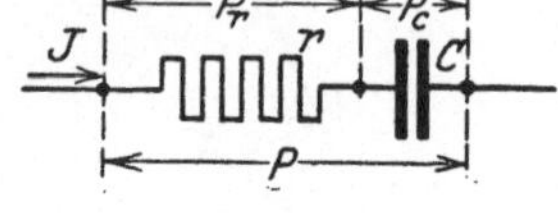

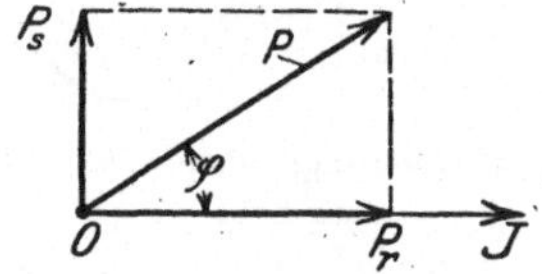

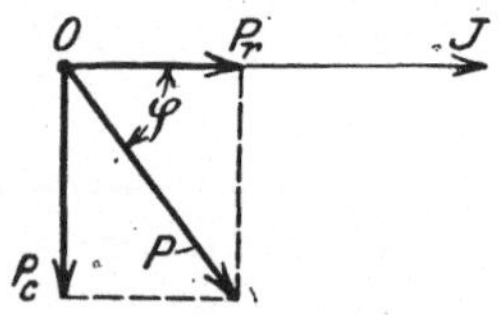

Abb. 19. Widerstand und Selbstinduktion im Wechselstromkreis. Hintereinanderschaltung.

Abb. 20. Widerstand und Kondensator im Wechselstromkreis. Hintereinanderschaltung.

$$P^2 = P_r{}^2 + P_c{}^2$$

$$P_r = I \cdot r \qquad P_c = \frac{I}{\omega C}$$

$$P = I \sqrt{r^2 + \left(\frac{1}{\omega C}\right)^2} = I \cdot z$$

$$z = \sqrt{r^2 + \left(\frac{1}{\omega C}\right)^2} \qquad \operatorname{tg}(\varphi) = \frac{1}{r \cdot (\omega C)}.$$

γ) **Wechselstromkreis mit Widerstand und Kapazität in Parallelschaltung.** Abb. 21.

$$I^2 = I_c{}^2 + I_r{}^2$$

$$I_r = \frac{P}{r} \qquad I_c = P \cdot \omega C$$

$$I = P \sqrt{\left(\frac{1}{r}\right)^2 + (\omega C)^2} = \frac{P}{z}$$

$$z = \frac{1}{\sqrt{\left(\frac{1}{r}\right)^2 + (\omega C)^2}} = \frac{r}{\sqrt{1 + (r\,\omega C)^2}} \qquad \operatorname{tg}(\varphi) = r \cdot \omega L.$$

δ) Wechselstromkreis mit zwei scheinbaren Widerständen in Hintereinanderschaltung. Abb. 22.

$$P^2 = (I \cdot r_1 + I r_2)^2 + (I \cdot \omega L_1 + I \omega L_2)^2$$

$$P = I \sqrt{(r_1 + r_2)^2 + (\omega L_1 + \omega L_2)^2} = I \cdot z$$

$$z = \sqrt{(r_1 + r_2)^2 + (\omega L_1 + \omega L_2)^2} \qquad \mathrm{tg}\,(\varphi) = \frac{\omega L_1 + \omega L_2}{r_1 + r_2}.$$

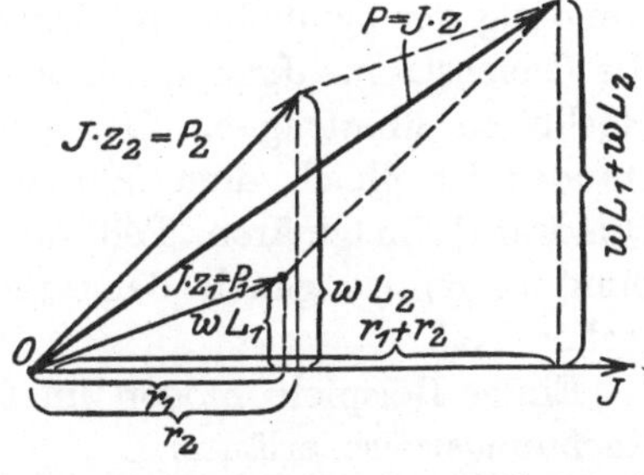

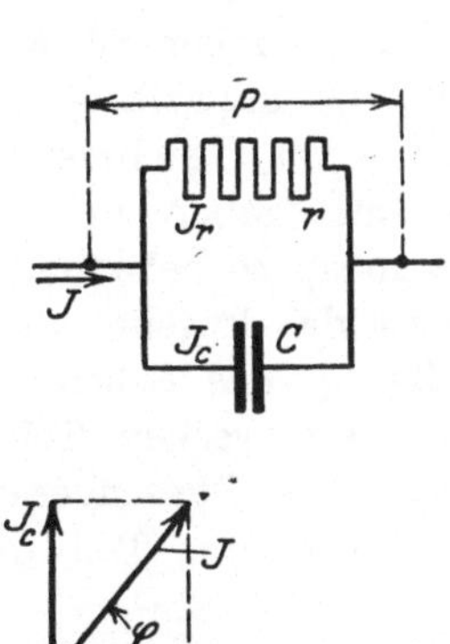

Abb. 21 Widerstand und Kondensator im Wechselstromkreis. Parallelschaltung.

Abb. 22. Zwei Spulen mit Widerstand und Selbstinduktion in Hintereinanderschaltung im Wechselstromkreis.

d) Symbolische Lösung von Wechselstromaufgaben.

Eine einfache rechnerische Methode ohne zeichnerische Hilfsmittel zur Lösung von Wechselstromaufgaben bietet die symbolische Rechnungsweise. Nach dieser Methode lassen sich komplizierte Wechselstromaufgaben relativ einfach lösen, der Grund, weshalb diese Methode hier durchgesprochen werden soll. Der Vorteil der symbolischen Rechnungsweise liegt darin, daß mit den Scheinwider-

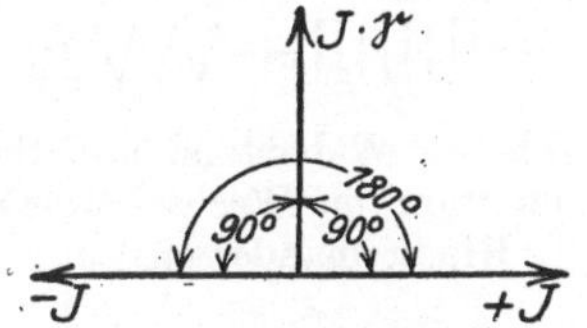

Abb. 23. Symbolische Darstellung von Wechselströmen.

ständen genau so gerechnet werden darf, wie bei Gleichstrom mit den Ohmschen Widerständen. Der Nachteil dieser Methode besteht darin, daß ihr die physikalische Übersicht fehlt.

Wird ein Vektor I nach Abb. 23 um 180° gedreht, so heißt dies soviel: er wird mit — 1 multipliziert. Da eine Drehung um 180° durch eine zweimalige Drehung um 90° entsteht, so ist eine Drehung um 90° mit $\sqrt{-1} = j$ zu bezeichnen. j bedeutet die imaginäre Einheit. Eine Voreilung um 90° wird mit j und eine Nacheilung mit — j bezeichnet. Da bei dem Wirkwiderstand r keine Phasenverschiebung vorkommt, ist er mit r zu bezeichnen. Der induktive Widerstand bedingt eine Phasenverschiebung um 90° (Spannungsvoreilung), daher ist er mit $j \cdot \omega \cdot L$ zu bezeichnen. Entsprechend ist der kapazitive Widerstand, da eine Stromvoreilung auftritt, mit — $j/\omega \cdot C$ zu bezeichnen.

Im übrigen werden die Wechselstromaufgaben unter Anwendung der symbolischen Schreibweise genau so behandelt wie die Gleichstromaufgaben. Zum Schluß ist das Ergebnis in das Reelle zu übertragen. Der absolute Betrag des Scheinwiderstandes ist gleich dem Wurzelwert aus dem reellen Teil ins Quadrat + imaginären Teil ins Quadrat. Die Phasenverschiebung tg (φ) ist gleich den Quotienten imaginärer Teil durch reeller Teil.

Einige Beispiele mögen im folgenden die Anwendung dieser Rechnungsweise erläutern.

α) Stromkreis mit Widerstand und Selbstinduktion in Hintereinanderschaltung. Abb. 24.

$$\mathfrak{z} = r + j \omega L$$

$$z = \sqrt{r^2 + (\omega L)^2} \qquad \operatorname{tg} \varphi = \frac{\omega L}{r}.$$

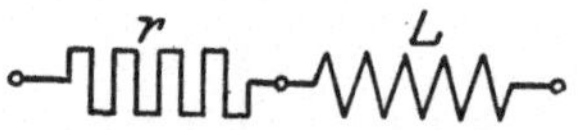

Abb. 24. Widerstand und Selbstinduktion im Wechselstromkreis. Hintereinanderschaltung.

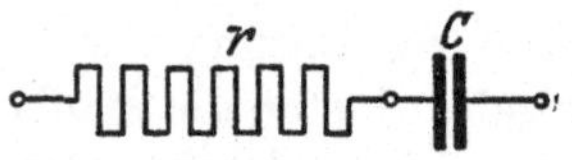

Abb. 25. Widerstand und Kondensator im Wechselstromkreis. Hintereinanderschaltung.

β) Stromkreis mit Widerstand und Kapazität in Hintereinanderschaltung. Abb. 25.

$$\mathfrak{z} = r - \frac{j}{\omega C}$$

$$z = \sqrt{r^2 + \left(\frac{1}{\omega C}\right)^2} \qquad \operatorname{tg} \varphi = - \frac{1}{r \cdot \omega C}.$$

γ) **Widerstand und Kapazität in Parallelschaltung.** Abb. 26.

$$\frac{1}{\mathfrak{z}} = \frac{1}{\mathfrak{z}_1} + \frac{1}{\mathfrak{z}_2}$$

$$\mathfrak{z} = \frac{\mathfrak{z}_1 \cdot \mathfrak{z}_2}{\mathfrak{z}_1 + \mathfrak{z}_2}.$$

$$\mathfrak{z}_1 = r$$

$$\mathfrak{z}_2 = \frac{-j}{\omega C}$$

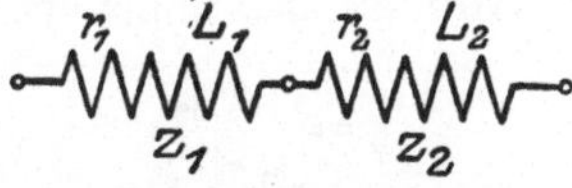

Abb. 26.
Widerstand und Kondensator im Wechselstromkreis. Parallelschaltung.

$$\mathfrak{z} = \frac{-r \cdot \dfrac{j}{\omega C}}{r - \dfrac{j}{\omega C}} = \frac{-j\, r^2\, \omega C + r}{(r\,\omega C)^2 + 1}$$

$$z = \sqrt{\frac{r^4 (\omega C)^2 + r^2}{[(r\,\omega C)^2 + 1]^2}} = \frac{r}{\sqrt{(r\,\omega C)^2 + 1}}$$

$$\operatorname{tg} \varphi = \frac{-r^2\,\omega C}{r} = -r\,\omega C.$$

δ) **Stromkreis mit zwei hintereinandergeschalteten Scheinwiderständen.** Abb. 27.

Abb. 27. Zwei Spulen mit Widerstand und Selbstinduktion
in Hintereinanderschaltung im Wechselstromkreis.

$$\mathfrak{z} = \mathfrak{z}_1 + \mathfrak{z}_2$$

$$\mathfrak{z}_1 = r_1 + j\,\omega L_1 \qquad \mathfrak{z}_2 = r_2 + j\,\omega L_2$$

$$\mathfrak{z} = (r_1 + r_2) + j\,(\omega L_1 + \omega L_2)$$

$$\mathfrak{z} = \sqrt{(r_1 + r_2)^2 + (\omega L_1 + \omega L_2)^2}$$

$$\operatorname{tg}(\varphi) = \frac{\omega L_1 + \omega L_2}{r_1 + r_2}.$$

ε) **Stromkreis mit zwei parallel geschalteten Scheinwiderständen.** Abb. 28 [1]).

---

[1]) Die vollständige Ausrechnung dieses Beispieles würde zu weit
führen. Das Beispiel unter ζ gibt an, wie man bei solchen Aufgaben
rasch zum Ziele kommt.

$$\frac{1}{\mathfrak{z}} = \frac{1}{\mathfrak{z}_1} + \frac{1}{\mathfrak{z}_2} \qquad\qquad \mathfrak{z} = \frac{\mathfrak{z}_1\,\mathfrak{z}_2}{\mathfrak{z}_1 + \mathfrak{z}_2}$$

$$\mathfrak{z}_1 = r_1 + j\,\omega\,L_1 \qquad\qquad \mathfrak{z}_2 = r_2 + j\,\omega\,L_2$$

$$\mathfrak{z} = \frac{(r_1 + j\,\omega\,L_1)\cdot(r_2 + j\,\omega\,L_2)}{(r_1 + j\,\omega\,L_1) + (r_2 + j\,\omega\,L_2)} = \frac{A + Bj}{C + Dj} = E + Fj$$

$$z = \sqrt{E^2 + F^2}$$

$$\operatorname{tg}\varphi = \frac{F}{E}\,.$$

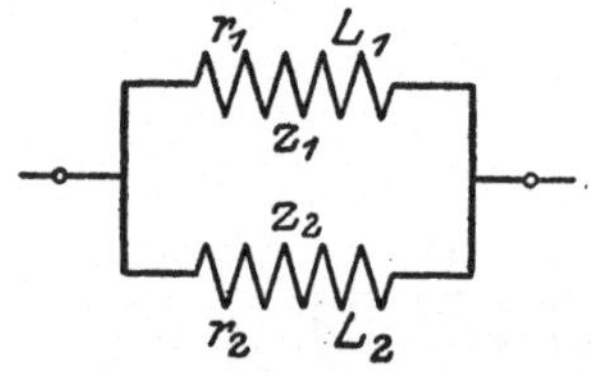

Abb. 28. Zwei Spulen mit Widerstand und Selbstinduktion in Parallelschaltung im Wechelstromkreis.

Abb. 29. Schaltbild zu dem Zahlenbeispiel.

ζ) **Zahlenbeispiel.** Es soll der Scheinwiderstand der folgenden Kombination Abb. 29 bestimmt werden.

$$\frac{1}{\mathfrak{z}} = \frac{1}{\mathfrak{z}_1} + \frac{1}{\mathfrak{z}_2} \qquad\qquad \mathfrak{z} = \frac{\mathfrak{z}_1\,\mathfrak{z}_2}{\mathfrak{z}_1 + \mathfrak{z}_2}$$

$$\mathfrak{z}_1 = 2 + 3j \qquad\qquad \mathfrak{z}_2 = 3 + j$$

$$\mathfrak{z} = \frac{(2 + 3j)\cdot(3 + j)}{(2 + 3j) + (3 + j)} = \frac{3 + 11j}{5 + 4j} = \frac{(3 + 11j)\cdot(5 - 4j)}{(5 + 4j)\cdot(5 - 4j)}$$

$$= \frac{59 + 43j}{41}$$

$$\mathfrak{z}_1 = 1{,}44 + 1{,}05j$$

$$z = \sqrt{1{,}44^2 + 1{,}05^2} = 1{,}78$$

$$\operatorname{tg}\varphi = \frac{1{,}05}{1{,}44} = 0{,}73\,.$$

e) **Spannungsresonanz.**

Enthält ein Stromkreis gleichzeitig einen Kondensator und eine Spule mit Selbstinduktion, so kann nach dem Vorangegangenen die Wirkung der Selbstinduktion durch diejenige der Kapazität oder die Wirkung der Kapazität durch die der Selbstinduktion aufgehoben werden. Der Fall, bei dem dies eintritt, heißt Resonanz. Sie kann bei Hintereinanderschaltung und Parallelschaltung der erwähnten Gebilde auftreten. Bei Resonanz ist zwischen Strom und Spannung keine Phasenverschiebung vorhanden.

Zunächst soll der Resonanzfall bei Hintereinanderschaltung von Spule und Kondensator behandelt werden. Die Spule besitze den Widerstand r_s und den Selbstinduktionskoeffizienten L, der Kondensator die Kapazität C, und ihm sei der hochohmige Isolationswiderstand r_c parallel geschaltet. Abb. 30 zeigt das Schaltbild der Anordnung.

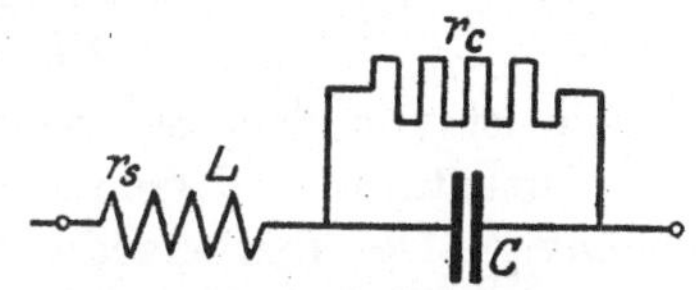

Abb. 30. Zusammengesetzter Wechselstromwiderstand.

Eine solche Anordnung wird an Wechselstrom der effektiven Spannung P angelegt. Der Strom, der durch die Anordnung fließt, bestimmt sich nach der allgemeinen Gleichung:

$$I = P/z.$$

Im folgenden ist also der scheinbare Widerstand z der Kombination zu bestimmen. Der Einfachheit halber wird die Rechnung in symbolischer Schreibweise durchgeführt.

$$\mathfrak{z} = \mathfrak{z}_1 + \mathfrak{z}_2$$

$$\mathfrak{z}_1 = r_s + j\,\omega\,L \qquad \mathfrak{z}_2 = \frac{-r_c\,j\,(r_c\,\omega\,C + j)}{(r_c\,\omega\,C)^2 + 1}$$

$$\mathfrak{z} = r_s + j\,\omega\,L - \frac{r_c\,j\,(r_c\,\omega\,C + j)}{(r_c\,\omega\,C)^2 + 1}$$

$$\mathfrak{z} = \frac{(r_s + j\,\omega\,L)\,[(r_c\,\omega\,C)^2 + 1] - r_c\,j\,(r_c\,\omega\,C + j)}{(r_c\,\omega\,C)^2 + 1} = A + B\,j$$

$$z = \sqrt{A^2 + B^2}\,; \qquad \operatorname{tg}\varphi = \frac{B}{A}$$

$$\operatorname{tg}\varphi = \frac{-r_c^{\,2}\,\omega\,C + \omega\,L + \omega\,L\,(r_c\,\omega\,C)^2}{r_c + r_s + r_s\,(r_c\,\omega\,C)^2}.$$

Wie die Gleichungen für z und $\operatorname{tg}(\varphi)$ zeigen, sind diese Werte in starkem Maße von der Periodenzahl des Wechselstromes abhängig. Da bei Resonanz die Phasenverschiebung zwischen Strom und Spannung 0^0 beträgt, muß $\text{tg}(\varphi) = 0$ werden. Dies ist der Fall, wenn in der Gleichung für $\text{tg}(\varphi)$ der Zähler 0 wird oder der Nenner den Wert unendlich annimmt. Der letztere Fall ist nicht möglich, weshalb im Resonanzfall gilt:

$$- r_c^2\, \omega\, C + \omega\, L + \omega\, L\, (r_c\, \omega\, C)^2 = 0.$$

An Hand dieser Gleichung gibt sich die Resonanzfrequenz zu:

$$\omega = \frac{1}{\sqrt{L\,C}} \cdot \sqrt{1 - \frac{L}{r_c^2\, C}}.$$

Sie ist von dem Selbstinduktionskoeffizienten L der Spule, der Kapazität C und dem Isolationszustand r_c des Kondensators abhängig. Der Spulenwiderstand ist auf die Resonanzfrequenz nicht von Einfluß.

In der Praxis liegen im allgemeinen die Verhältnisse etwas einfacher. Der Isolationszustand wird im allgemeinen als unendlich groß angesehen. Die Resonanzfrequenz kann daher näherungsweise nach der Gleichung:

$$\omega = \frac{1}{\sqrt{L\,C}}$$

bestimmt werden. Das folgende Beispiel möge dazu dienen, zu zeigen, wie die Resonanzkurve rechnerisch ermittelt wird.

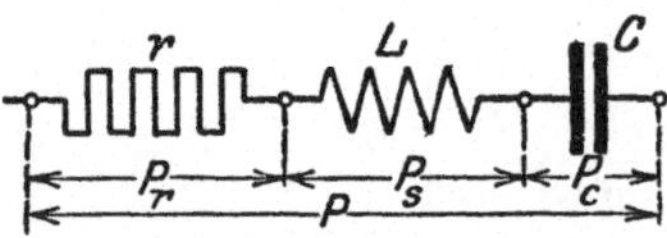

Abb. 31. Schaltbild zu dem Zahlenbeispiel.

Außerdem sind Strom- und Spannungsverhältnisse an Spule und Kondensator klarzulegen.

Ein Wechselstromkreis — vgl. Abb. 31 — enthalte in Hintereinanderschaltung einen Kondensator mit $10\,\mu\text{F}$ Kapazität sowie eine Spule mit 1 Henry Selbstinduktivität bei 100 Ohm Widerstand. Der Kreis liegt an 200 Volt Wechselstrom veränderlicher Periodenzahl. Wie ändern sich Strom, Spannung und Phasenverschiebung?

$$\mathfrak{z} = r + j\omega L - \frac{j}{\omega C} = r + j\left(\omega L - \frac{1}{\omega C}\right)$$

$$z = \sqrt{r^2 + \left(\omega L - \frac{1}{\omega C}\right)^2} \qquad I = \frac{P}{z}$$

$$tg\,\varphi = \frac{\omega L - \dfrac{1}{\omega C}}{r}$$

$$P_r = I \cdot r \qquad\qquad P_s = I\omega L \qquad\qquad P_c = \frac{I}{\omega C}.$$

Die Rechnung wird am einfachsten tabellarisch durchgeführt wie Tabelle 2 zeigt.

Tabelle 2.

ω	ωL	$\dfrac{1}{\omega C}$	$\left(\omega L - \dfrac{1}{\omega C}\right)^2$	z_{Ohm}	I_{Amp}	$tg\,\varphi$	$P_{r\,\mathrm{Volt}}$	$P_{s\,\mathrm{Volt}}$	$P_{c\,\mathrm{Volt}}$
0	0	∞	∞	∞	0,000	$-\infty$	0,00	0,0	200
157	157	638	232000	492	0,407	$-4,81$	40,7	63,9	259
252	252	397	20800	176	1,13	$-1,44$	113	285	446
301,5	301,5	331,5	900	104,5	1,916	$-0,30$	191,6	578	635
314	314	318,5	20	100,1	1,998	$-0,045$	197,8	628	637
316,2	316,2	316,2	0	100	2,000	0,00	200	632,4	632,4
320	320	312	64	100,2	1,997	0,08	199,7	640	621
333	333	300	1090	105,1	1,90	0,33	190	633	571
378	378	264	13100	152	1,32	1,14	131	495	346
472	472	212	66000	278	0,72	2,6	72	340	152
628	628	159	220000	479	0,42	4,69	42	263	66
1256	1256	80	1380000	1180	0,17	11,76	17	214	14

Die Resonanzfrequenz errechnet sich zu:

$$\omega = \frac{1}{\sqrt{LC}} = \frac{1}{\sqrt{1 \cdot 10 \cdot 10^{-6}}} = 316,2\,.$$

In Abb. 32 sind die Rechenergebnisse graphisch dargestellt, und es sind folgende Kurven eingezeichnet.

1. Die Stromhöchstwertkurve.
2. Die Spannungsresonanzkurve an Spule.
3. Die Spannungsresonanzkurve an Kondensator.
4. Die Phasenverschiebung.

Im Resonanzfalle ist die Phasenverschiebung zwischen Strom und Spannung gleich Null. Der Kreis verhält sich so, als enthielte er nur Ohmschen Widerstand. Er heißt Schwingungskreis. Die Spannungen an Spule und Kondensator steigen an, während die Netzspannung dieselbe bleibt. Eine Rückwirkung des Spannungsanstieges ins Netz findet nicht statt. Die Spannungen an Spule und Kondensator kompensieren sich, da sie in ihrer Wirkung um 180 Grad versetzt sind. Der Scheinwiderstand im Resonanzfall ist:

$$z = r.$$

Wie ersichtlich tritt das Maximum der Kondensatorspannung bei etwas kleinerer Periodenzahl als der Resonanzperioden-

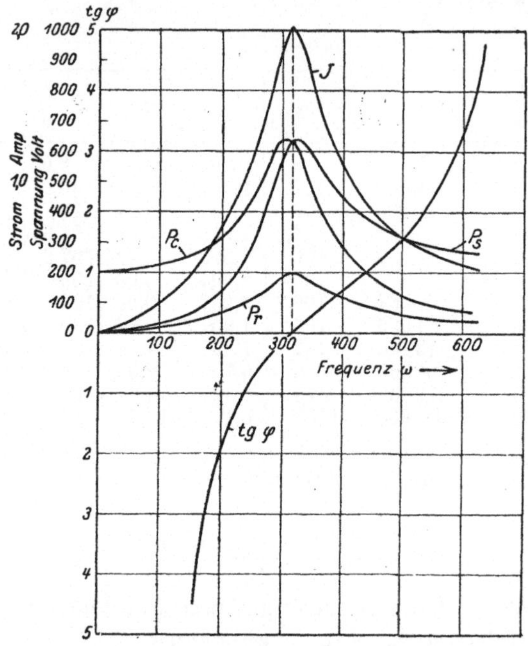

Abb. 32. Resonanzkurven bei Spannungsresonanz.

zahl ein und das Maximum der Spulenspannung bei etwas größerer Periodenzahl. Der Strom erreicht bei der Resonanzperiodenzahl seinen Höchstwert; ebenso die Spannung am Widerstand. Je kleiner der Spulenwiderstand ist, desto steiler steigen die Resonanzkurven an, desto größer werden die Maximalwerte und desto näher rücken die Resonanzkurven an die Stromhöchstwertkurve heran. Ist der Spulenwiderstand 0 Ohm, so erreichen alle drei Kurven gleichzeitig ihren Höchstwert. Dieser Fall ist praktisch ausgeschlossen.

Der vorliegend durchgesprochene Resonanzfall heißt im besonderen Spannungsresonanz. Die Spannung erreicht in diesem Falle Höchstwerte. Der Strom nimmt ebenfalls einen dementsprechenden Verlauf an. Die Stromkurve wird in diesem besonderen Falle Stromhöchstwertkurve genannt.

f) Stromresonanz.

Es tritt nicht allein Resonanz auf, wenn Spule und Kondensator hintereinandergeschaltet sind, sondern auch bei Parallelschaltung der Gebilde — ähnlich Abb. 33 — kann diese Erscheinung auftreten. Der Strom der in diesem Falle durch die Anordnung fließt, bestimmt sich ebenfalls nach der Gleichung:

$$I = P/z$$

Abb. 33. Zusammengesetzter Wechselstromwiderstand.

wobei z den scheinbaren Widerstand der Kombination darstellt. Er berechnet zich zu:

$$\frac{1}{\mathfrak{z}} = \frac{1}{\mathfrak{z}_1} + \frac{1}{\mathfrak{z}_2} + \frac{1}{\mathfrak{z}_3} \qquad\qquad \mathfrak{z} = \frac{\mathfrak{z}_1 \, \mathfrak{z}_2 \cdot \mathfrak{z}_3}{\mathfrak{z}_1 \mathfrak{z}_2 + \mathfrak{z}_2 \mathfrak{z}_3 + \mathfrak{z}_3 \cdot \mathfrak{z}_1}$$

$$\mathfrak{z}_1 = r_s + j\omega L \qquad\qquad \mathfrak{z}_2 = r_c \qquad\qquad \mathfrak{z}_3 = -\frac{j}{\omega C}$$

$$\mathfrak{z} = \frac{(r_s + j\omega L)\, r_c \cdot \left(-\dfrac{j}{\omega C}\right)}{(r_s + j\omega L)\cdot r_c + r_c \left(-\dfrac{j}{\omega C}\right) + \left(-\dfrac{j}{\omega C}\right)\cdot (r_s + j\omega L)}$$

$$\mathfrak{z} = \frac{r_c \cdot \omega L - j r_c \cdot r_s}{r_c \cdot r_s \cdot \omega C + \omega L - j(r_c + r_s - r_c \omega L \cdot \omega C)} = \frac{A - Bj}{C - Dj}$$

$$A = r_c \cdot \omega L \qquad\qquad C = r_c \cdot r_s \cdot \omega C + \omega L$$

$$B = r_c \cdot r_s \qquad\qquad D = r_c + r_s - r_c \omega L \cdot \omega C$$

$$\mathfrak{z} = \frac{(A - Bj)\cdot(C + Dj)}{(C - Dj)\cdot(C + Dj)} = \frac{AC + DB + j(AD - BC)}{C^2 + D^2} =$$

$$= M + Nj$$

$$z = \sqrt{M^2 + N^2}$$

$$\operatorname{tg} \varphi = \frac{N}{M} = \frac{AD - BC}{AC + BD}.$$

Wie ersichtlich, hängen Scheinwiderstand und Phasenverschiebung in starkem Maße von der Periodenzahl ab. Da im Resonanzfall die Phasenverschiebung zwischen Strom und Spannung 0^0 ist, so läßt sich für den Resonanzfall folgende Bedingungsgleichung aufstellen:

$$A \cdot D - B \cdot C = 0.$$

Durch Einsetzen der entsprechenden Werte wird erhalten:

$$r_c \omega L [r_c + r_s - r_c \omega L \cdot \omega C] = r_c \cdot r_s [r_c \cdot r_s \omega C + \omega L],$$

woraus sich die Resonanzfrequenz zu folgendem Wert errechnet:

$$\omega = \frac{1}{\sqrt{LC}} \cdot \sqrt{1 - r_s^2 \frac{C}{L}}.$$

Die Resonanzfrequenz ist bei Parallelschaltung demnach auch von Kapazität und Selbstinduktion abhängig. Außerdem ist in diesem Falle noch der Spulenwiderstand von geringem Einfluß. Der Isolationswiderstand hat keinen Einfluß auf die Resonanzfrequenz. Da der Spulenwiderstand im allgemeinen „klein" angenommen werden kann, was praktisch meist der Fall ist, so nimmt die Gleichung zur Berechnung der Resonanzfrequenz folgende einfache Gestalt an:

$$\omega = \frac{1}{\sqrt{LC}}.$$

Der Isolationswiderstand kann im allgemeinen als unendlich groß angenommen werden. Das folgende Zahlenbeispiel möge dazu dienen, um festzustellen, wie sich die Ströme in den einzelnen Kreisen ändern, wenn ein solches Gebilde an eine konstante Wechselstromspannung veränderlicher Periodenzahl angeschlossen wird.

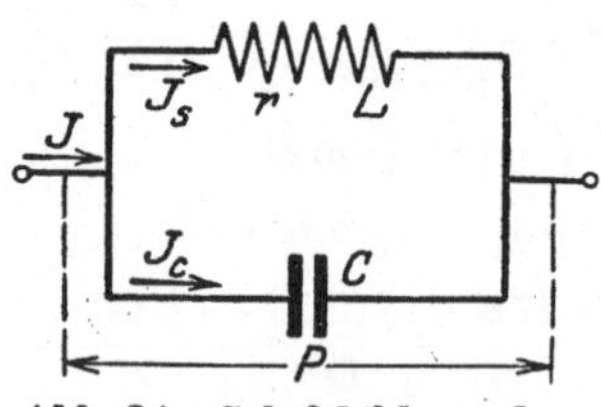

Abb. 34. Schaltbild zu dem Zahlenbeispiel.

Eine Spule mit 50 Ohm Widerstand und 1 Henry Selbstinduktivität und ein Kondensator mit 10μ F Kapazität sind parallel geschaltet. Sie liegen an 50 Volt Wechselstrom, veränderlicher Periodenzahl. Vgl. Abb. 34. Wie gestalten sich die Stromverhältnisse in den einzelnen Zweigen und welche Werte nimmt die Phasenverschiebung an?

$$\mathfrak{z} = \frac{\mathfrak{z}_1 \cdot \mathfrak{z}_2}{\mathfrak{z}_1 + \mathfrak{z}_2}$$

$$\mathfrak{z}_1 = r + j\,\omega L \qquad\qquad \mathfrak{z}_2 = -\frac{j}{\omega C}$$

$$\mathfrak{z} = \frac{(r + j\,\omega L)\cdot\left(-\dfrac{j}{\omega C}\right)}{r + j\,\omega L - \dfrac{j}{\omega C}} = \frac{\dfrac{L}{C} - \dfrac{r}{\omega C}\,j}{r + j\left(\omega L - \dfrac{1}{\omega C}\right)} = A + Bj$$

$$z = \sqrt{A^2 + B^2} \qquad\qquad \operatorname{tg}\varphi = \frac{B}{A}$$

$$z_s = \sqrt{r^2 + (\omega L)^2} \qquad\qquad z_c = \frac{1}{\omega C}$$

$$I = \frac{P}{z} \qquad\qquad I_s = \frac{P}{z_s} \qquad\qquad I_c = \frac{P}{z_c}\,.$$

Die Resonanzfrequenz berechnet sich näherungsweise nach der Gleichung:

$$\omega = \frac{1}{\sqrt{LC}} = \frac{1}{\sqrt{1\cdot 10\cdot 10^{-6}}} = 316{,}2\,.$$

Der genaue Wert berechnet sich zu:

$$\omega = \frac{1}{\sqrt{L\cdot C}}\cdot\sqrt{1 - r^2\,\frac{C}{L}} = \sqrt{\frac{1 - 50^2\cdot\dfrac{10\cdot 10^{-6}}{1}}{1\cdot 10\cdot 10^{-6}}} = 312{,}2$$

die übrige Ausrechnung erfolgt tabellarisch in Tabelle III.

Trägt man die Rechenergebnisse der Tabelle III in Kurvenform — Abb. 35 — auf, so ist ersichtlich, daß bei etwas kleinerer Frequenz als 316,2 Resonanz eintritt.

An Hand des Kurvenbildes ist ersichtlich, daß der Strom im Kondensatorkreis stetig zunimmt und derjenige im Spulenkreis stetig mit wachsender Periodenzahl abnimmt. Bei Resonanz heben sich Blindstrom im Spulenkreis und Kondensatorkreis auf. Der von der Energiequelle in diesem Falle zu liefernde Strom ist sehr klein, während Kapazitätsstrom und Spulenstrom groß sind.

Tabelle 3.

ω	$\dfrac{1}{\omega C}$	ωL	z_s	I_s	I_c	$\dfrac{r}{\omega C}$	$\omega L - \dfrac{1}{\omega C}$	$\mathfrak{Z}$	$\mathfrak{Z}$	Z	I_{Amp}	$\operatorname{tg}\varphi$
0	∞	0	50	1	0,000	∞	$-\infty$	$\dfrac{100\,000 - \infty\,j}{50 - \infty\,j}$	—	—	—	—
126	795	126	135,5	0,369	0,063	39\,800	-669	$\dfrac{100\,000 - 39\,800\,j}{50 - 669\,j}$	$11,1\,(6,32 + 12,9\,j)$	155	0,323	2,03
251	398	251	256	0,195	0,125	20\,000	-148	$\dfrac{100\,000 - 20\,000\,j}{50 - 148\,j}$	$204\,(1,59 + 2,76\,j)$	650	0,077	1,74
301,5	332	302	304	0,165	0,150	16\,600	-30	$\dfrac{100\,000 - 16\,000\,j}{50 - 30\,j}$	$1470\,(1,1 + 0,43\,j)$	1735	0,0288	0,39
308,5	324	309	311	0,162	0,154	16\,200	-15	$\dfrac{100\,000 - 16\,200\,j}{50 - 15\,j}$	$1830\,(1,05 + 0,14\,j)$	1940	0,0258	0,139
314	317,5	314	316	0,159	0,157	15\,900	$-3,5$	$\dfrac{100\,000 - 15\,900\,j}{50 - 3,5\,j}$	$1990\,(1,01 - 0,089\,j)$	2005	0,0249	$-0,088$
316,2	316,2	316	317	0,158	0,158	15\,800	0,0	$\dfrac{100\,000 - 15\,800\,j}{50 - 0,0\,j}$	$2000\,(1 - 0,158\,j)$	2015	0,0248	$-0,158$
321	312	321	322	0,155	0,160	15\,600	9	$\dfrac{100\,000 - 15\,600\,j}{50 + 9\,j}$	$1940\,(0,973 - 0,33\,j)$	2005	0,0249	$-0,34$
326,5	306	327	328	0,152	0,163	15\,300	21	$\dfrac{100\,000 - 15\,300\,j}{50 + 21\,j}$	$1700\,(0,936 - 0,573\,j)$	1870	0,0258	$-0,612$
377	265	377	378	0,132	0,189	13\,300	112	$\dfrac{100\,000 - 13\,300\,j}{50 + 112\,j}$	$333\,(0,7 - 2,37\,j)$	820	0,061	$-3,38$
400	250	400	400	0,125	0,200	12\,500	150	$\dfrac{100\,000 - 12\,500\,j}{50 - 150\,j}$	$200\,(0,63 - 3,13\,j)$	640	0,078	$-4,97$
628	159	628	628	0,08	0,315	8000	469	$\dfrac{100\,000 - 8000\,j}{50 + 469\,j}$	$22,3\,(0,26 - 9,46\,j)$	212	0,236	$-36,3$

Dieser Fall heißt im Sprachgebrauch Stromresonanz. Ein Ansteigen des Gesamtstromes zu einem Maximalwert ist hier nicht zu verzeichnen, sondern der Gesamtstrom nimmt im

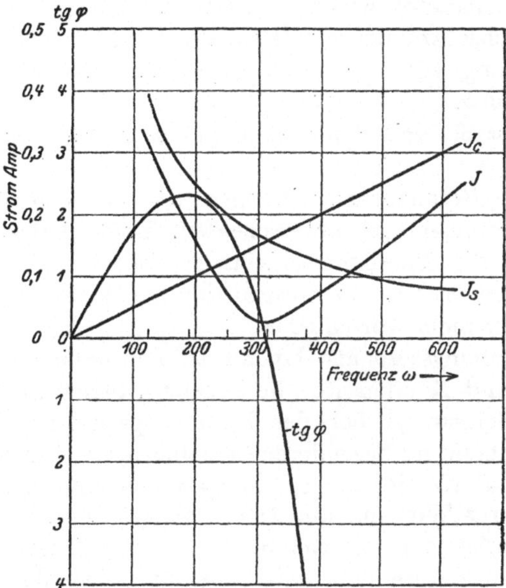

Abb. 35. Resonanzkurven bei Stromresonanz.

Resonanzfalle einen kleinsten Wert an. Im folgenden wird die Stromkurve als Strommindestwertkurve bezeichnet. Bei Resonanz nimmt die Strommindestwertkurve den kleinsten Wert an.

Je kleiner der Widerstand der Spule wird, desto steiler verläuft die Strommindestwertkurve. Ist der Widerstand der Spule 0 (praktisch nicht möglich), so nimmt der Strommindestwert im Resonanzfall den Wert Null an.

g) Zusammenfassendes Ergebnis.

An einem Gebilde, das nur aus Widerstand besteht, gilt bei Gleich- und Wechselstrom das Gesetz von Ohm. Zwischen Strom und Spannung tritt bei Wechselstrom keine Phasenverschiebung auf.

Enthält ein Gebilde nur Selbstinduktion, so verhält sich dies bei Gleichstrom so, als wäre keine Selbstinduktion vorhanden.

Bei Wechselstrom wirkt die Selbstinduktion als Widerstand. Außerdem tritt zwischen Strom und Spannung eine Phasenverschiebung auf. Spannungsvoreilung.

Der Kondensator wirkt im Gleichstromkreis wie ein Isolator und im Wechselstromkreis wie ein Widerstand. Zwischen Strom und Spannung tritt ebenfalls eine Phasenverschiebung auf. Stromvoreilung.

Kondensator und Spule sind in ihrer Wirkung entgegengesetzt.

Bei den Resonanzerscheinungen ist zwischen Spannungs- und Stromresonanz zu unterscheiden. Beide haben folgendes gemeinsam: die Phasenverschiebung zwischen Netzstrom und Netzspannung ist 0°. Im übrigen sind die Wirkungen in beiden Fällen voneinander verschieden.

Die Spannungsresonanz kommt bei Hintereinanderschaltung von Spule und Kondensator in Betracht. Strom und Spannung nehmen Höchstwerte bei der Resonanzperiodenzahl an. Die Stromkurve heißt im besonderen Stromhöchstwertkurve. Spulenspannung und Kondensatorspannung heben sich gegenseitig auf, da sie in ihrer Wirkung um 180° versetzt sind.

Bei Parallelschaltung von Spule und Kondensator tritt die sogenannte Stromresonanz in Erscheinung. Bei der Resonanzperiodenzahl erreicht der Gesamtstrom seinen kleinsten Wert, während im Spulen- und Kondensatorkreis höhere Ströme auftreten, die aber entgegengesetzt gerichtet sind und sich aufheben. Die Stromkurve heißt im besonderen Strommindestwertkurve.

Eine Hintereinanderschaltung von Spule und Kondensator bewirkt gegen die Resonanzfrequenz hin einen Anstieg des Gesamtstromes, während bei Parallelschaltung der Gebilde gegen die Resonanzfrequenz hin ein Sinken des Gesamtstromes auftritt.

Spannungsresonanzkreise wendet man dort an, wo bestimmte Frequenzen in ihrer Wirkung verstärkt werden sollen, und Stromresonanzkreise dort, wo Ströme bestimmter Frequenzen unterdrückt werden sollen.

h) Zusammengesetzte Wechselströme.

Die Wechselströme, wie sie in der Technik und im besonderen in der Hochfrequenztechnik vorkommen, nehmen keine sinusförmige Gestalt an, sondern weichen von der Sinuskurve mehr oder weniger ab, wie Abb. 36 zeigt.

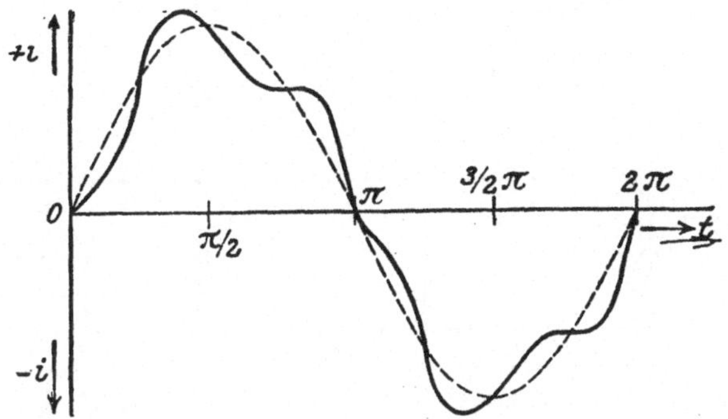

Abb. 36. Verlauf eines verzerrten Wechselstromes.

Durch Fouriersche Reihenentwicklung ist es möglich, jeden beliebigen periodischen Vorgang in eine Reihe von Sinuslinien zu zerlegen.

$$i = a_1 \sin(\omega t) + a_2 \sin(2\,\omega t) + a_3 \sin(3\,\omega t) + \cdots$$
$$+ b_1 \cos(\omega t) + l_2 \cos(2\,\omega t) + b_3 \cos(3\,\omega t) + \cdots + c$$

$$i = c + \sum_1^k A_k \cdot \sin(k\omega t + \varphi_k)$$

Die einzelnen Periodenzahl verhalten sich wie ganze Zahlen. In Abb. 37 ist gezeigt, wie sich ein Wechselstrom aus drei einzelnen Sinusbewegungen zusammengesetzt. Seine Gleichung lautet:

$$i = 5 \cdot \sin(\omega t) + 3 \cdot \sin(2\,\omega t) + 2 \cdot \cos(3\,\omega t).$$

Die Zahl der Einzelglieder kann endlich und unendlich sein. Die Wechselströme, wie sie in der drahtlosen Nachrichtenübermittlung vorkommen, besitzen unendlich viele Glieder. Die Grundwelle hat die Periodenzahl des Wechselstromes, die Oberwellen (höhere Harmonischen) haben alle größere Periodenzahlen als die Grundwelle.

Wird ein Gebilde aus Selbstinduktion und Kapazität an eine zusammengesetzte Wechselstromspannung angelegt, so bietet eine solche Anordnung Wechselströmen verschiedener Periodenzahlen verschiedene Scheinwiderstande, da dieselben wie früher ermittelt in starkem Maße von der Periodenzahl abhängig sind. Die Scheinwiderstände für die einzelnen Frequenzen berechnen sich nach der Gleichung:

$$z = \sqrt{r^2 + \left(k\omega L - \frac{1}{k\omega C}\right)^2}.$$

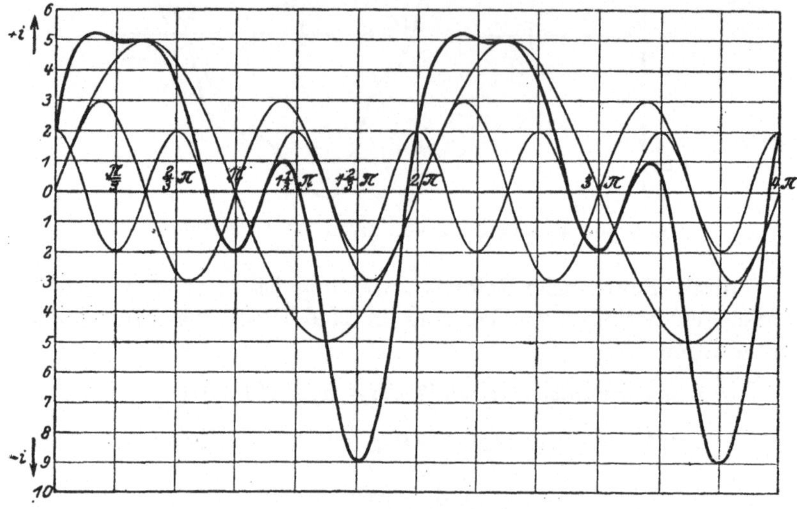

Abb. 37. Bildlicher Verlauf des Wechselstromes:
$i = 5 \cdot \sin(\omega t) + 3 \cdot \sin(2 \cdot \omega t) + 2 \cdot \cos(3 \cdot \omega t).$

$k \cdot \omega$ sind die Kreisfrequenzen der einzelnen Wechselströme.

Sind Spule und Kondensator hintereinandergeschaltet, so kann eine solche Anordnung dazu benutzt werden, um einzelne Oberwellen zu verstärken. Schaltet man Spule und Kondensator parallel, so kann in entgegengesetztem Sinne ein solcher Kreis dazu dienen, bestimmte Wechselströme zu unterdrücken.

Im weiteren auf die recht komplizierten Vorgänge bei zusammengesetzten Wechselströmen einzugehen, würde zu weit führen und aus dem Rahmen dieses Bändchens herausfallen.

B. Kettenleiter.

1. Erklärungen.

Die Kettenleiter im allgemeinen Sinne des Wortes sind Gebilde, die durch Aneinanderreihen von Reihenwiderständen z und Nebenschlußleitwerten y entstehen. Abb. 38 stellt die allgemeine Anordnung eines Kettenleiters dar. z und y sind Ge-

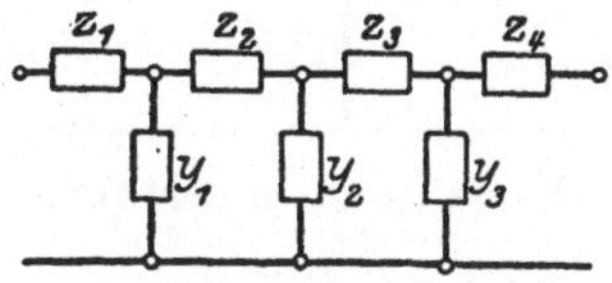

Abb. 38. Allgemeine Anordnung
eines Kettenleiters.

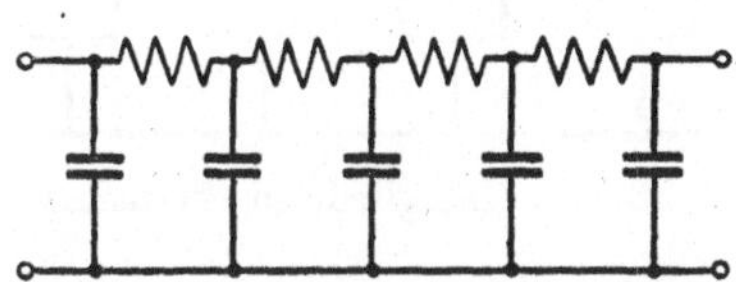

Abb. 39. Mehrgliedrige Spulenkette.

bilde, die aus Spule und Kondensatoren oder aus einem der genannten Gebilde allein bestehen. Je nach Anordnung gibt es verschiedene Arten von Kettenleitern, die verschiedenen Zwecken dienen und auf den Erscheinungen der Strom- und Spannungsresonanz beruhen.

Bei der Spulenleitung oder Drosselkette liegen die Spulen in Reihe und quer dazu die Kondensatoren. Eine solche Anordnung kann aus beliebig vielen Gliedern bestehen. Abb. 39 gibt die Anordnung einer mehrgliedrigen Spulenkette.

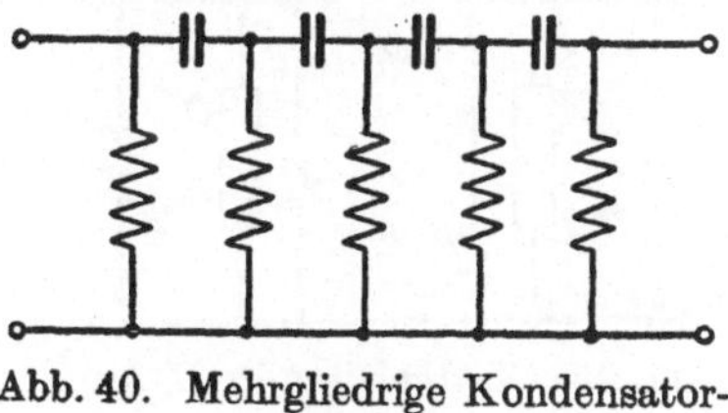

Abb. 40. Mehrgliedrige Kondensatorkette.

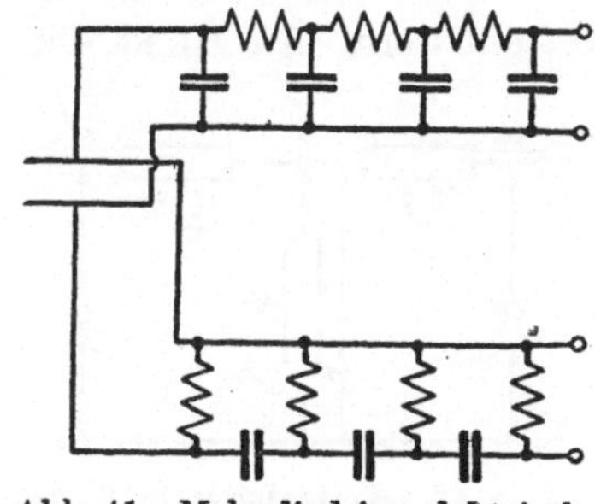

Abb. 41. Mehrgliedrige elektrische
Weiche.

Die Kondensatorkette oder Kondensatorleitung ist das Gegenstück zur Spulenkette. Spulen und Kondensatoren sind vertauscht, wie Abb. 40 angibt. Die Kondensatoren liegen in Reihe und quer dazu die Spulen.

Durch Kombination von Spulenleitung und Kondensatorleitung entsteht die elektrische Weiche. Abb. 41 gibt das Schaltbild einer mehrgliedrigen elektrischen Weiche.

Die Anordnung einer Siebkette ist in Abb. 42 dargestellt. Sie enthält ebenfalls Spulen und Kondensatoren. Abb. 43 gibt

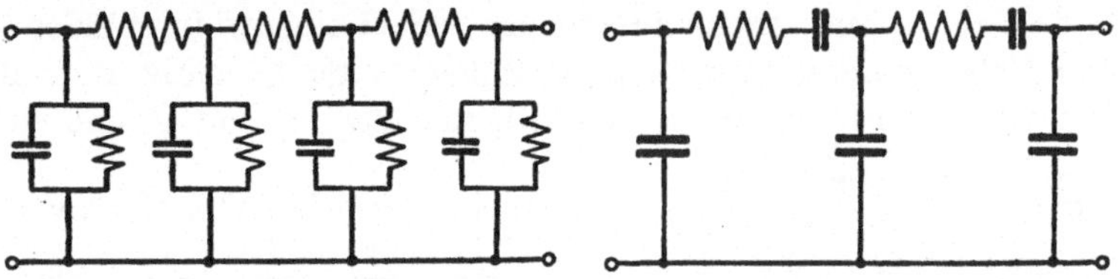

Abb. 42. Mehrgliedrige Siebkette.   Abb. 43. Mehrgliedrige Siebkette.

eine weitere Siebkettenschaltung an. Der Unterschied zwischen beiden Schaltungen besteht darin, daß nach Abb. 42 eine Spule und ein Kondensator parallel geschaltet sind, während nach Abb. 43 eine Spule und ein Kondensator hintereinander geschaltet sind.

Im folgenden soll nun die Wirkungsweise der einzelnen Anordnungen betrachtet werden.

2. Mathematische Behandlung des allgemeinen Kettenleiters.

Gemäß den Abb. 44 und 45 gibt es zwei Hauptarten von Kettenleitern. An Hand der Figuren lassen sich für beide An-

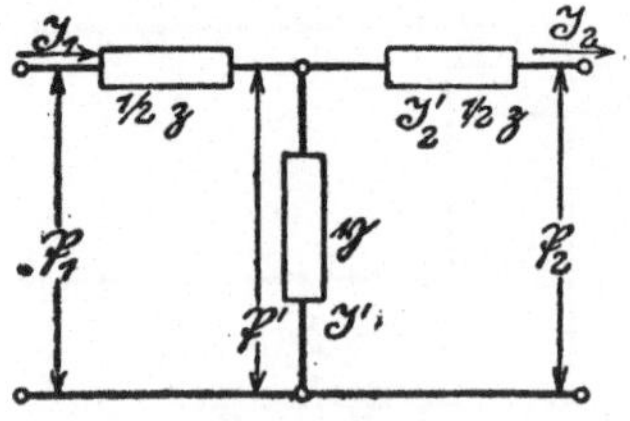

Abb. 44. Kettenleiter in T-Anordnung.

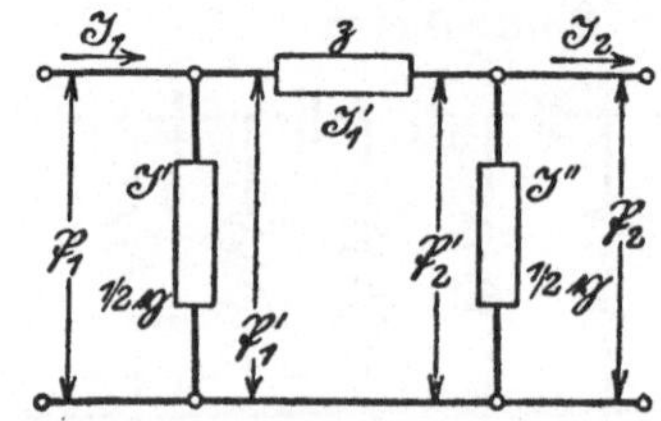

Abb. 45. Kettenleiter in Π-Anordnung.

ordnungen je zwei Gruppen von Gleichungen aufstellen. Der Einfachheit werden die Rechnungen in symbolischer Darstellungsweise durchgeführt und zwar an eingliedrigen Kettenleitern. Zunächst wird der allgemeine Fall behandelt.

$$\mathfrak{P}' = \mathfrak{P}_1 - \tfrac{1}{2}\mathfrak{z}\,\mathfrak{J}_1 \qquad\qquad \mathfrak{P}_1 = \mathfrak{P}_1{}' \qquad \mathfrak{P}_2{}' = \mathfrak{P}_2$$

$$\mathfrak{P}_2 = \mathfrak{P}' - \tfrac{1}{2}\mathfrak{z}\,\mathfrak{J}_2 \qquad\qquad \mathfrak{J}' = \tfrac{1}{2}\mathfrak{y}\,\mathfrak{P}_1 \qquad \mathfrak{J}'' = \tfrac{1}{2}\mathfrak{y}\,\mathfrak{P}_2$$

$$\mathfrak{P}' = \frac{\mathfrak{J}'}{\mathfrak{y}} \qquad\qquad \mathfrak{J}_1 - \mathfrak{J}' = \mathfrak{J}_1{}' \quad \mathfrak{J}_1{}' - \mathfrak{J}'' = \mathfrak{J}_2$$

$$\mathfrak{J}' = \mathfrak{J}_1 - \mathfrak{J}_2 \qquad\qquad \mathfrak{P}_2 = \mathfrak{P}_1 - \mathfrak{z}\,\mathfrak{J}_1{}'$$

$$\mathfrak{P}_1 - \mathfrak{P}_2 = \tfrac{1}{2}\mathfrak{z}\,\mathfrak{J}_2 + \tfrac{1}{2}\mathfrak{z}\,\mathfrak{J}_1 \qquad \mathfrak{P}_2 - \mathfrak{P}_1 = \mathfrak{z}\left(\mathfrak{J}_1 - \tfrac{1}{2}\mathfrak{y}\cdot\mathfrak{P}_1\right) \;\; \text{III.}$$

$$\mathfrak{P}_1 - \mathfrak{P}_2 = \tfrac{1}{2}\mathfrak{z}(\mathfrak{J}_1 + \mathfrak{J}_2) \quad \text{I.}$$

$$\mathfrak{J}_1 - \mathfrak{J}_2 = \mathfrak{J}' = \mathfrak{P}'\cdot\mathfrak{y} \qquad\qquad \mathfrak{J}_1 - \mathfrak{J}_2 = \mathfrak{J}' + \mathfrak{J}''$$

$$\mathfrak{J}_1 - \mathfrak{J}_2 = \mathfrak{y}\left(\mathfrak{P}_1 - \tfrac{1}{2}\mathfrak{z}\,\mathfrak{J}_1\right) \;\; \text{II.} \qquad \mathfrak{J}_1 - \mathfrak{J}_2 = \tfrac{1}{2}\mathfrak{y}(\mathfrak{P}_1 + \mathfrak{P}_2) \;\; \text{IV.}$$

Die beiden Gleichungspaare I und II bzw. III und IV geben Strom und Spannungsverlauf am Kettenleiter an. Sie stellen Differenzengleichungen dar. Die Scheinwiderstände und Scheinleitwerte sind von der Periodenzahl des Wechselstromes abhängig. Um den wirklichen Strom und Spannungsverlauf zu erhalten, sind obige Gleichungspaare aufzulösen. Es ergibt sich daß sich Strom und Spannung am Ende der Leitung mit veränderlicher Periodenzahl nach einem Expotentialgesetz verändern.

Die Gleichungen für Strom und Spannung nehmen die allgemeine Gestalt an:

$$U = V\cdot e^{\nu}.$$

e ist die Basis des natürlichen Logarithmensystems. ν (gemessen in hyperbolischen Radian) stellt im allgemeinen eine komplexe Größe dar, der Gestalt $a + bj$. Der Faktor a ist ein Maß für die Dämpfung und heißt Dämpfungskonstante. b ist ein Winkelmaß und auf die Phasenverschiebung von Einfluß

$$e^{\nu} = e^{a+bj} = e^{a}\cdot e^{bj} = e^{a}(\cos b + j\sin b).$$

Wie mathematische Rechnungen ergeben, berechnet sich die Größe ν nach der Gleichung:

$$\mathfrak{Sin}\,\tfrac{1}{2}\nu = \pm\,\tfrac{1}{2}\sqrt{\mathfrak{y}\cdot\mathfrak{z}}$$

und die Charakteristik $\mathfrak{Z}$ (Wellenwiderstand) des Gebildes zu:

$$\mathfrak{Z} = \frac{2}{\mathfrak{y}} \cdot \mathfrak{Tg}\,\frac{\nu}{2}$$

$\mathfrak{Z}$ stellt das Verhältnis Spannung durch Strom dar

$$\mathfrak{Z} = \mathfrak{P} : \mathfrak{J}.$$

Durch diese beiden Größen ist das Verhalten des allgemeinen Kettenleiters gekennzeichnet. Im nachstehenden sollen nun die einzelnen Kettenleiter bezüglich ihrer dämpfenden Wirkung näher behandelt werden. Zu diesem Zwecke sind die Gleichungen für die einzelnen Fälle umzuformen.

3. Drosselkette.

Die eingliedrige Drosselkette besteht aus einer Spule und zwei Kondensatoren, die wie Abb. 46 zeigt geschaltet sind. Die Spule hat den Widerstandswert r und die Selbstinduktivität L. Die Kapazität eines jeden Kondensators betrage $\dfrac{C}{2}$.

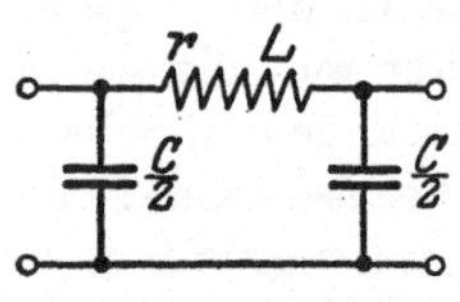

Abb. 46. Drosselkette.

Im folgenden soll nun das Verhalten einer solchen Anordnung bei Wechselströmen veränderlicher Periodenzahl untersucht werden. Zu diesem Zwecke wird von den Gleichungen des letzten Abschnittes und deren Lösungen ausgegangen.

$$\mathfrak{Sin}\,\tfrac{1}{2}\,\nu = \tfrac{1}{2}\sqrt{\mathfrak{y}\cdot\mathfrak{z}}$$

$$\mathfrak{Cof}\,\nu = 1 + \tfrac{1}{2}\,\mathfrak{y}\cdot\mathfrak{z} = \mathfrak{Cof}\,(a+bj) = A + Bj.$$

Der Dämpfungsfaktor a berechnet sich nach der Gleichung:

$$\mathfrak{Sin}^2\,a = -\tfrac{1}{2}\left[1 - A^2 - B^2\right] + \sqrt{B^2 + \tfrac{1}{4}\left[1 - A^2 - B^2\right]^2}$$

und das Winkelmaß b ergibt zich zu:

$$\sin^2 b = \tfrac{1}{2}\left[1 - A^2 - B^2\right] + \sqrt{B^2 + \tfrac{1}{4}\left[1 - A^2 - B^2\right]^2}.$$

Die Konstanten A und B bestimmen sich nach folgenden Gleichungen:

$$\mathfrak{Cof}\,\nu = A + Bj = 1 + \tfrac{1}{2}\,\mathfrak{y}\cdot\mathfrak{z}$$

$$\mathfrak{y} = j\,\omega\,C; \quad \mathfrak{z} = r + j\,\omega\,L$$

$$A = 1 - \omega^2 \cdot \frac{L \cdot C}{2}$$

$$B = r \cdot \omega \cdot \frac{C}{2}.$$

Die Eigenfrequenzen oder Resonanzfrequenzen ergeben sich aus der Charakteristik $\mathfrak{Z}$ der Anordnung. Sie berechnen sich nach der Gleichung:

$$\mathfrak{Z} = \frac{2}{\mathfrak{y}} \cdot \mathfrak{Tg} \frac{\nu}{2} = \sqrt{\frac{\mathfrak{z}}{\mathfrak{y}}} \cdot \sqrt{\frac{1}{1 + \frac{1}{4}\mathfrak{y}\mathfrak{z}}}$$

$$\mathfrak{Z} = \sqrt{\frac{L}{C}} \cdot \sqrt{\frac{1 - \dfrac{r}{\omega L} j}{1 - \frac{1}{4}\omega^2 LC + \frac{1}{4} r \omega C \cdot j}}.$$

Die Charakteristik $\mathfrak{Z}$ wird unendlich, wenn

$$1 - \tfrac{1}{4} \omega^2 LC = 0$$

wird. Diese Beziehung gilt nur für den Fall, daß der Wirkwiderstand r vernachlässigt wird, was mit großer Annäherung zulässig ist.

Die Eigenfrequenz ergibt sich zu:

$$\omega = \pm \frac{2}{\sqrt{L \cdot C}}.$$

Der Minuswert scheidet aus. Die Spulenkette hat nach vorliegendem nur eine Eigenfrequenz, kritische Frequenz oder auch Grenzfrequenz genannt.

Um sich ein Urteil über die Wirkungsweise und das Verhalten der Spulenkette zu verschaffen, soll im folgenden an Hand eines Zahlenbeispieles die Dämpfung bei verschiedenen Frequenzen ermittelt werden.

Eine Spulenkette habe folgende Abmessungen: Spule 1,5 Ohm Widerstand und 150000 cm Selbstinduktivität, jeder Kondensator besitze 500 cm Kapazität.

$$r = 1,5 \text{ Ohm}$$

$$L = 150000 \text{ cm} = 1,5 \cdot 10^{-4} \text{ Henry}$$

$$C = 1000 \text{ cm} = 1,11 \cdot 10^{-9} \text{ Farad.}$$

Die Eigenfrequenz berechnet sich nach folgender Gleichung:

$$\omega = \frac{2}{\sqrt{LC}} = \frac{2}{\sqrt{1,5 \cdot 10^{-4} \cdot 1,11 \cdot 10^{-9}}} = 4,9 \cdot 10^6.$$

Die Berechnung der Dämpfung ist für verschiedene Frequenzen in Tabelle 4 durchgeführt.

Tabelle 4.

$\omega \cdot 10^6$	$\omega^2 \dfrac{LC}{2}$	A	B	$1-A^2-B^2$	$\mathfrak{Sin}^2\, a$	$\mathfrak{Sin}\, a$	a
0,5	0,0208	$+\,0{,}979$	—	0,042	0,000	0,000	0,000
3	0,75	$+\,0{,}25$	0,003	0,938	0,000	0,000	0,000
4,5	1,69	$-\,0{,}69$	0,004	0,522	0,000	0,000	0,000
4,8	1,92	$-\,0{,}92$	0,004	0,155	0,000	0,000	0,000
4,9	2,00	$-\,1$	0,004	0,000	0,004	0,063	0,06
5,0	2,08	$-\,1{,}08$	0,004	$-\,0{,}17$	0,17	0,412	0,40
5,5	2,52	$-\,1{,}52$	0,005	$-\,1{,}31$	1,31	1,14	0,98
6	2,99	$-\,1{,}99$	0,005	$-\,2{,}96$	2,96	1,72	1,32
10	8,33	$-\,7{,}33$	0,008	$-\,52{,}8$	52,8	7,25	2,68

Trägt man die Dämpfung in Abhängigkeit von der Frequenz auf, so wird eine Kurve erhalten, wie sie Abb. 47 wiedergibt. Bis zur Eigenfrequenz bleibt die Dämpfung sehr klein (fast Null).

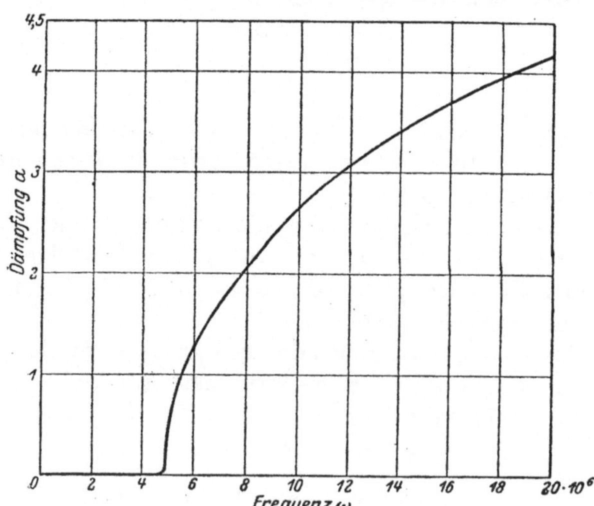

Abb. 47. Sperrbereich der Drosselkette.

Bei der Eigenfrequenz selbst ist die Dämpfung ebenfalls noch sehr klein. Bei Frequenzen, die größer sind als die Eigenfrequenzen, nimmt die Dämpfung rasch zu, und zwar wird die Dämpfung um so größer, je höher die Periodenzahl ansteigt.

Um die dämpfende Wirkung bis inklusive der Eigenfrequenz klein zu halten, ist ein kleiner Widerstand der Spule maßgebend.

Die Drosselkette hat also die Eigenschaft, Wechselströme, deren Frequenzen kleiner sind als die der Grenzfrequenz, hindurchzulassen. Sie setzt diesen Strömen nur einen geringen Widerstand entgegen. Die eigenfrequenten Wechselströme werden auch fast ungeschwächt hindurchgelassen. Wechselströme, deren Frequenzen größer sind als diejenige der kritischen Frequenz, erhalten einen Widerstand entgegengesetzt, der um so größer ist, je höher die Frequenz ansteigt.

4. Kondensatorkette.

Die eingliedrige Kondensatorkette besteht aus einem Kondensator und zwei Spulen, die, wie Abb. 48 zeigt, geschaltet sind. Der Kondensator hat die Kapazität C. Der Widerstand der Spule sei $2 \cdot r$ und die Selbstinduktion der Spule $2 \cdot L$.

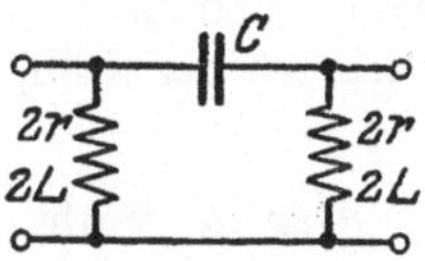

Das Verhalten einer solchen Anordnung hängt auch in starkem Maße von der Periodenzahl des Wechselstromes ab. Die Untersuchung wird ähnlich wie im letzten Abschnitt durchgeführt.

Abb. 48. Kondensatorkette.

Der Dämpfungsfaktor a berechnet sich auch hier nach der Gleichung:

$$\mathfrak{Sin}^2\, a = -\tfrac{1}{2}(1 - A^2 - B^2) + \sqrt{B^2 + \tfrac{1}{4}(1 - A^2 - B^2)^2}.$$

Die Konstanten A und B berechnen sich jedoch in diesem Falle nach anderen Gleichungen wie bei der Drosselkette. Sie ergeben sich wie folgt:

$$A + Bj = 1 + \tfrac{1}{2}\,\mathfrak{y}\,\mathfrak{z}.$$

An Hand der Abb. 48 ist:

$$\mathfrak{z} = -\frac{j}{\omega C} \qquad\qquad \mathfrak{y} = \frac{1}{r + j\omega L}$$

$$A + Bj = 1 + \frac{1}{2}\left(-\frac{j}{\omega C}\right) \cdot \frac{1}{r + j\omega L},$$

daraus folgt:

$$A = 1 - \frac{L}{2\,C} \cdot \frac{1}{r^2 + (\omega\,L)^2}$$

$$B = -\frac{1}{2}\frac{r}{\omega\,C} \cdot \frac{1}{r^2 + (\omega\,L)^2}.$$

Die Eigenfrequenz ergibt sich auch hier aus der Charakteristik $\mathfrak{Z}$ der Leiteranordnung. Sie berechnet sich nach früher zu:

$$\mathfrak{Z} = \sqrt{\frac{\mathfrak{z}}{\mathfrak{y}}} \cdot \sqrt{\frac{1}{1 + \frac{1}{4}\mathfrak{y}\cdot\mathfrak{z}}}$$

$$\mathfrak{Z} = \sqrt{\frac{-\dfrac{j}{\omega\,C}}{\dfrac{1}{r + j\,\omega\,L}}} \cdot \sqrt{\frac{1}{1 + \dfrac{1}{4}\left(-\dfrac{j}{\omega\,C}\right)\cdot\dfrac{1}{r + j\,\omega\,L}}}$$

$$\mathfrak{Z} = \sqrt{-\frac{j}{\omega\,C}(r + j\,\omega\,L)\cdot\frac{4\,\omega\,C\,(r + j\,\omega\,L)}{4\,\omega\,C\,(r + j\,\omega\,L) - j}}.$$

Der Ausdruck für die Charakteristik $\mathfrak{Z}$ wird bei verschwindend kleinem r unendlich, wenn der Nenner unendlich wird. Dies ist der Fall, wenn:

$$4\cdot\omega\,L\cdot\omega\,C - 1 = 0.$$

Daraus ergibt sich die Resonanzfrequenz zu:

$$\omega = \pm\,\frac{1}{2\,\sqrt{L\cdot C}}.$$

Der negative Wert scheidet aus. Die Kondensatorleitung hat ebenfalls wie die Spulenleitung nur eine Eigenfrequenz oder Grenzfrequenz.

Um sich ein Urteil über das Verhalten der Kondensatorkette zu verschaffen, soll auch wieder an Hand eines Zahlenbeispieles die Dämpfung eines solchen Gebildes bei verschiedenen Frequenzen ermittelt werden.

Einer Kondensatorleitung liegen folgende Abmessungen zugrunde. Jede Spule habe 300000 cm Selbstinduktivität bei 2,5 Ohm Widerstand. Der Kondensator habe 1000 cm Kapazität.

$$r = 1{,}25 \text{ Ohm}$$
$$L = 150000 \text{ cm} = 1{,}5\cdot 10^{-4} \text{ Henry}$$
$$C = 1000 \text{ cm} = 1{,}11^{-9} \text{ Farad}.$$

Die Eigenfrequenz berechnet sich zu:

$$\omega = \frac{1}{2\sqrt{L \cdot C}} = \frac{1}{2\sqrt{1,5 \cdot 10^{-4} \cdot \frac{1}{9} 10^{-8}}} = 1,225 \cdot 10^{6}.$$

In der Tabelle 5 ist die Berechnung der Dämpfung bei verschiedenen Frequenzen durchgeführt.

Tabelle 5.

$\omega \cdot 10^6$	ωL	$r^2+(\omega L)^2$	$\dfrac{L}{2C} \cdot \dfrac{1}{r^2+(\omega L)^2}$	A	B	$1-A^2-B^2$	$\mathfrak{Sin}^2 a$	a
0,2	30	901	75	-74	3,12	-5490	5490	5,00
1,0	150	22 500	3,00	-2	0,025	-3	3,00	1,32
1,2	180	32 400	2,09	$-1,09$	0,015	$-0,19$	0,191	0,42
1,225	184	34 000	1,99	$-0,99$	0,014	0,02	0,000	0,000
1,25	187,5	35 200	1,92	$-0,92$	0,013	0,154	0,000	0,000
1,4	210	44 100	1,53	$-0,53$	0,009	0,718	0,000	0,000
2,0	300	$9 \cdot 10^4$	0,75	$+0,25$	0,003	0,937	0,000	0,000
10,0	1500	$2,25 \cdot 10^6$	0,03	$+0,97$	0,000	0,06	0,000	0,000

In Abb. 49 ist die Dämpfung in Abhängigkeit von der Frequenz aufgetragen. Bis zur Eigenfrequenz ist die Dämpfung groß. Bei der Eigenfrequenz selbst ist die Dämpfung sehr gering und bei Frequenzen, die höher als die Eigenfrequenzen liegen, ist die Dämpfung sehr klein, praktisch fast Null. Um auch hier die Dämpfung bei größeren Periodenzahlen als der Eigenperiodenzahl klein zu halten, ist der Widerstandswert der Spulen möglichst klein zu halten.

Die Kondensatorleitung hat also gerade die entgegengesetzten Eigenschaften wie die Spulenleitung. Wechsel-

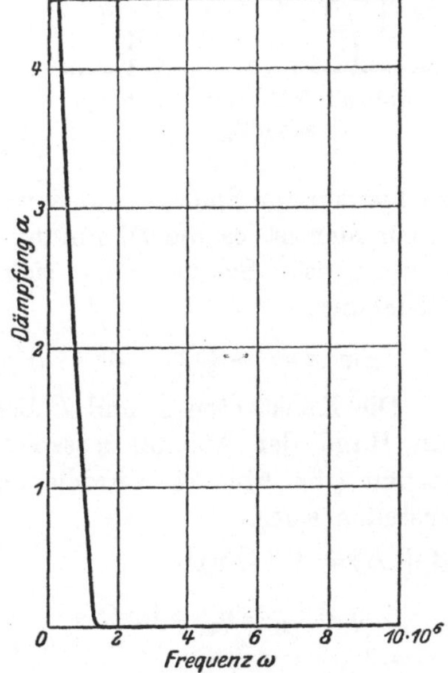

Abb. 49. Sperrbereich der Kondensatorkette.

ströme niederer Periodenzahlen als der Eigenperiodenzahl erhalten einen hohen Widerstand entgegengesetzt. Wechselströme, deren Periodenzahlen größer sind als die der Eigenperiodenzahl, werden bequem hindurchgelassen.

5. Siebketten.

Die Siebketten bestehen aus Spulen und Kondensatoren. Abb. 50 und 51 stellen zwei verschiedenartige Siebketten dar. Außer ihnen sind noch einige andere Schaltmöglichkeiten vorhanden.

Um das Verhalten der Siebketten bei verschiedenen Frequenzen kennen zu lernen, ist derselbe Weg wie bei den Unter-

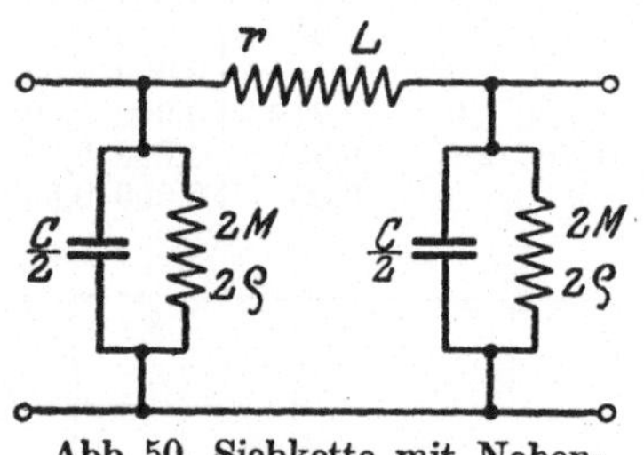

Abb. 50. Siebkette mit Nebenschlußspulen.

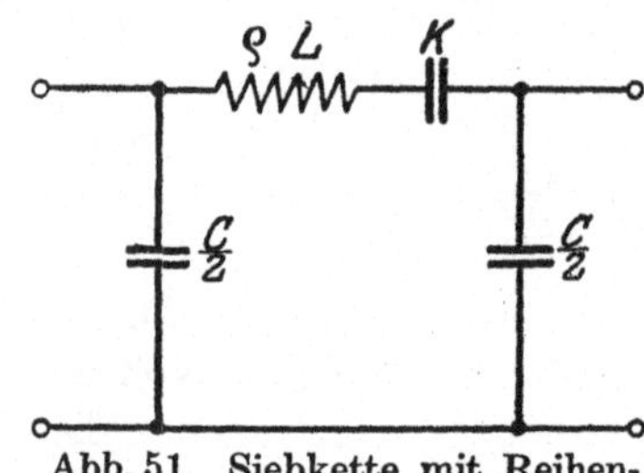

Abb. 51. Siebkette mit Reihenschaltung von Kondensatoren.

suchungen von Spulen- und Kondensatorleitungen einzuschlagen. Auch hier ist es die Dämpfung, die vor allen Dingen von Bedeutung ist. Sie berechnet sich nach der früher aufgestellten Gleichung:

$$\mathfrak{Sin}^2\, a = -\tfrac{1}{2}(1 - A^2 - B^2) + \sqrt{B^2 + \tfrac{1}{4}(1 - A^2 - B^2)^2}\,.$$

Die Konstanten A und B berechnen sich analog wie früher. An Hand der Abb. 50 lassen sich folgende Gleichungen aufstellen (für Abb. 51 würden entsprechende Gleichungen aufzustellen sein):

$$A + Bj = 1 + \tfrac{1}{2}\,\mathfrak{y}\,\mathfrak{z}$$

$$\mathfrak{y} = \mathfrak{y}_1 + \mathfrak{y}_2 = j\omega C + \frac{1}{\varrho + j\omega M} \qquad \mathfrak{z} = r + j\omega L$$

$$A + Bj = 1 + \frac{1}{2}\left[j\omega C + \frac{1}{\varrho + j\omega M}\right]\cdot(r + j\omega L)$$

$$A = 1 - \frac{1}{2}\omega L \cdot \omega C + \frac{r \cdot \varrho}{2\left[\varrho^2 + (\omega M)^2\right]} + \frac{\omega M \cdot \omega L}{2\left[\varrho^2 + (\omega M)^2\right]}$$

$$B = \frac{1}{2} r \omega C + \frac{\varrho \omega L}{2\left[\varrho^2 + (\omega M)^2\right]} - \frac{r \omega M}{2\left[\varrho^2 + (\omega M)^2\right]}.$$

Da im allgemeinen r und ϱ vernachlässigt werden dürfen, so nehmen die Größen für A und B die sehr einfachen Gestalten an:

$$A = 1 - \frac{1}{2}\omega L \cdot \omega C + \frac{L}{2M}$$

$$B = 0.$$

Die Eigenfrequenzen ergeben sich bei der Siebkette ebenfalls aus der Leitungscharakteristik. Es wird erhalten:

$$\mathfrak{Z} = \sqrt{\frac{\mathfrak{z}}{\mathfrak{y}}} \cdot \sqrt{\frac{1}{1 + \frac{1}{4}\mathfrak{y}\,\mathfrak{z}}}$$

$$\mathfrak{Z} = \sqrt{\frac{r + j\omega L}{j\omega C + \dfrac{1}{\varrho + j\omega M}} \cdot \frac{1}{1 + \dfrac{1}{4}(r + j\omega L) \cdot \left[j\omega C + \dfrac{1}{\varrho + j\omega M}\right]}}.$$

Da nun r und ϱ wieder vernachlässigt werden dürfen, berechnet sich die Charakteristik zu:

$$\mathfrak{Z} = \sqrt{\frac{j\omega L}{j\omega C + \dfrac{1}{j\omega M}} \cdot \frac{1}{1 + \dfrac{1}{4}j\omega L\left[j\omega C + \dfrac{1}{j\omega M}\right]}}.$$

Der Wellenwiderstand $\mathfrak{Z}$ wird unendlich, wenn einer der beiden Nenner den Wert Null annimmt. Aus dieser Bedingung ergeben sich die Eigenfrequenzen.

$$\text{I.} \quad \omega C - \frac{1}{\omega M} = 0$$

$$\omega_1 = \frac{1}{\sqrt{M \cdot C}}$$

$$\text{II.} \quad 1 - \frac{1}{4}\omega L\left(\omega C - \frac{1}{\omega M}\right) = 0$$

$$\omega_2 = \frac{2}{\sqrt{L C}} \cdot \sqrt{1 + \frac{1}{4} \cdot \frac{L}{M}}.$$

Die Siebkette hat nach vorliegender Betrachtung zwei Eigenfrequenzen.

Im folgenden soll nun ähnlich wie früher bei verschiedenen Frequenzen die Dämpfung berechnet werden, um darüber ein Urteil zu erhalten, wie sich ein solches Gebilde Wechselströmen verschiedener Frequenz gegenüber verhält. Die Untersuchung wird auch hier an Hand eines Zahlenbeispieles durchgeführt werden.

Bei einer Siebkette gemäß Abb. 50 soll jeder Kondensator eine Kapazität von 500 cm besitzen und die den Kondensatoren parallel geschalteten Spulen haben je eine Selbstinduktivität von 200 000 cm. Die andere Spule habe 150 000 cm Selbstinduktivität. Die Widerstände sollen als vernachlässigbar klein angenommen werden.

$$r = \varrho = 0 \text{ Ohm}$$
$$L = 150\,000 \text{ cm} = 1{,}5 \cdot 10^{-4} \text{ Henry}$$
$$M = 100\,000 \text{ cm} = 1 \cdot 10^{-4} \text{ Henry}$$
$$C = 1000 \text{ cm} = 1{,}11 \cdot 10^{-9} \text{ Farad.}$$

$$\omega_1 = \frac{1}{\sqrt{M \cdot C}} = \frac{1}{\sqrt{1 \cdot 10^{-4} \cdot \frac{1}{9} 10^{-8}}} = 3 \cdot 10^6$$

$$\omega_2 = \frac{2}{\sqrt{L C}} \cdot \sqrt{1 + \frac{1}{4}\frac{L}{M}} = \frac{2}{\sqrt{1{,}5 \cdot 10^{-4} \cdot \frac{1}{9} 10^{-8}}} \cdot \sqrt{1 + \frac{1}{4}\frac{1{,}5 \cdot 10^{-4}}{1 \cdot 10^{-4}}}$$
$$= 5{,}75 \cdot 10^{-6}.$$

Die Berechnung der Dämpfung wird wieder tabellarisch durchgeführt, wie Tabelle 6 angibt.

Tabelle 6.

$\omega \cdot 10^6$	$\omega^2 \dfrac{L \cdot C}{2}$	A	$1 - A^2$	$\mathfrak{Sin}^2 a$	a
0,05	0,000	1,75	− 2,08	2,08	1,17
2	0,333	1,42	− 1,02	1,02	0,89
2,9	0,701	1,05	− 0,1	0,1	0,31
3,0	0,75	1,00	0,00	0,000	0,000
3,1	0,801	0,95	0,097	0,000	0,000
3,5	1,02	0,73	0,465	0,000	0,000
5,5	2,52	− 0,77	0,405	0,000	0,000
5,7	2,70	− 0,95	0,097	0,000	0,000
5,75	2,75	− 1,00	0,00	0,000	0,000
5,8	2,81	− 1,06	− 0,13	0,13	0,35
6	3,00	− 1,25	− 0,56	0,56	0,69
7,5	4,68	− 2,93	− 7,77	7,77	1,73
10	8,34	− 6,59	− 42,5	42,5	2,57

Trägt man die erhaltenen Rechenergebnisse graphisch auf, so wird das in Abb. 52 dargestellte Kurvenbild erhalten. Man sieht an Hand der Figur, daß bei kleineren Frequenzen als ω_1

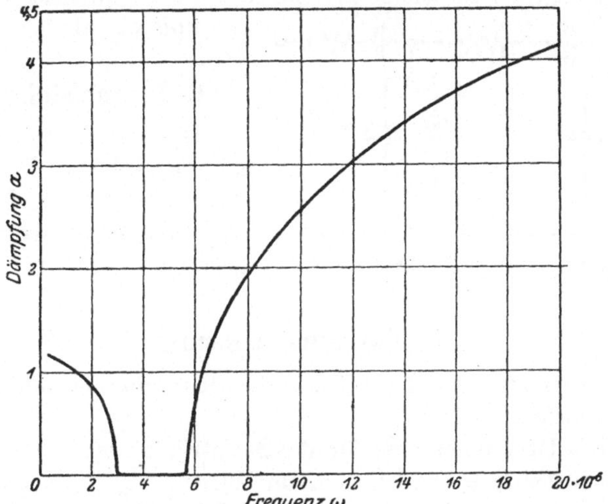

Abb. 52. Sperrbereich der Siebkette mit Nebenschlußspule.

die Siebkette eine große Dämpfung besitzt. Bei der Frequenz ω_1 nimmt die Dämpfung einen kleinen Betrag an. Die Dämpfung bleibt dann gering bis zur Frequenz ω_2. Bei der Frequenz ω_2 ist der Wert ebenfalls noch gering. Sobald aber die Frequenzen größer als ω_2 werden, sofort steigt die Dämpfung wieder an.

Die Siebkette ist also dazu geeignet, Wechselströme eines ganz bestimmten Frequenzbereiches hindurchzulassen, während Wechselströme, deren Frequenzen außerhalb des Bereiches liegen, also größer sind als ω_2 oder kleiner sind als ω_1, nicht durch die Anordnung hindurchgelassen werden. Durch passende Wahl von L, C und M hat man es in der Hand, ein bestimmtes Frequenzband festzulegen.

Wird analog die Anordnung nach Abb. 51 behandelt, so wird folgendes Ergebnis erhalten. Es gibt zwei Eigenfrequenzen, die sich nach den Gleichungen:

$$\omega_1 = \frac{1}{\sqrt{L \cdot K}} \qquad \omega_2 = \frac{2}{\sqrt{L \cdot C}} \cdot \sqrt{1 + \frac{C}{4K}}$$

berechnen, unter Annahme, daß der Widerstand der Spulen vernachlässigt werden kann. Diese Anordnung läßt alle Wechselströme außerhalb eines endlichen Frequenzbereiches hindurch, drosselt dagegen sämtliche Ströme mit den Frequenzen zwischen ω_1 und ω_2 ab.

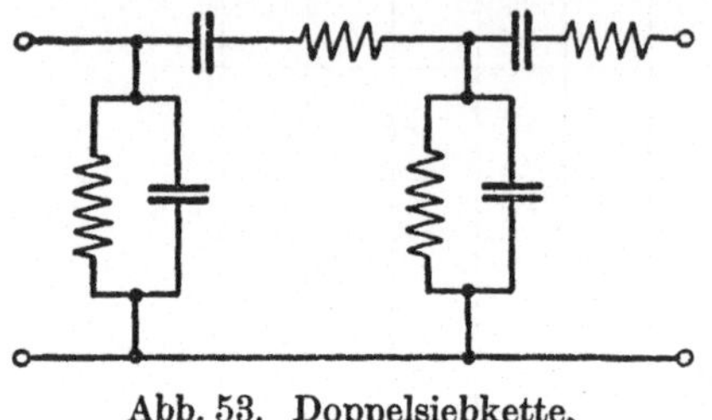

Abb. 53. Doppelsiebkette.

6. Doppelsiebkette.

Die Anordnung derselben ist in Abb. 53 dargestellt. Auf die Theorie derselben soll hier nicht weiter eingegangen werden.

7. Zusammenfassung.

Zusammenfassend kann folgendes über die Kettenleiter mitgeteilt werden.

1. Die Drosselkette ist für Wechselströme, deren Frequenzen unterhalb der kritischen liegen, durchlässig und für solche oberhalb der kritischen undurchlässig. Die dämpfende Wirkung nimmt mit zunehmender Periodenzahl zu. Drosselketten finden daher überall dort Anwendung, wo Wechselströme höherer Frequenzen unterdrückt werden sollen.

2. Die Kondensatorkette ist für niederfrequente Wechselströme fast undurchlässig, läßt dagegen den Hochfrequenzstrom ohne weiteres hindurch. Durch Kondensatorketten lassen sich die Grundschwingungen unterdrücken, um die Hochfrequenzströme rein zu erhalten.

3. Die Siebkette mit Nebenschlußspulen sondert aus einem Gemisch von Wechselströmen verschiedene Frequenzen eines bestimmten Bandes aus. Mittels Spulen und Kondensatorketten ist dies bei Hochfrequenzübertragungen nicht möglich, da der Hochfrequenzstrom, der der Träger der Sprache ist, keine einfache Schwingung darstellt, sondern aus unendlich vielen Sinusgliedern besteht. Der Hochfrequenzstrom der drahtlosen Telephonie besitzt ein Frequenzband von der Breite des Schwingungsbereiches der menschlichen Sprache. Würde daher bei dem einfachen Kettenleiter auf Resonanz abgestimmt werden, so würden einzelne Teile der Sprache ungleichmäßig übertragen

werden, wodurch Verzerrungen entstehen. Durch Siebketten ist es jedoch möglich, daß die Frequenzen in dem Band gleichmäßig übertragen werden. Die Dämpfung in diesem Gebiete ist gering. Alle übrigen Frequenzen, die außerhalb des Bandes liegen, werden durch Siebketten abgedrosselt.

4. Die Siebkette mit Reihenschaltung von Kondensatoren läßt sämtliche Wechselströme, die außerhalb eines bestimmten Frequenzbereiches liegen, hindurch, während die zwischen dem Bereich liegenden Frequenzen nicht hindurchgelassen werden. Diese Anordnung ist dort zu benutzen, wo bei zusammengesetzten Wechselströmen bestimmte naheliegende Frequenzen unterdrückt werden sollen.

5. Schaltet man mehrere gleichartige Kettenleiter hintereinander, so kann die Sperrwirkung vergrößert werden. Hat man nach dem ersten Glied z. B. 3 fache Dämpfung, so ist die Dämpfung bei den 2 gliedrigen Ketten nach dem zweiten Gliede $3 \cdot 3 = 9$ fach und nach dem dritten Glied der dreigliedrigen Kette $3 \cdot 3 \cdot 3 = 27$ fach.

C. Sperrkreise.

1. Einleitung.

Unter einem Sperrkreis versteht man eine solche Anordnung, die für Wechselströme aller möglichen Periodenzahlen durchlässig ist, und nur Wechselströme einer bestimmten Periodenzahl nicht hindurchläßt. Er hat die Bedeutung eines Wellenschluckers, da er unerwünschte Wechselströme nicht weiter läßt.

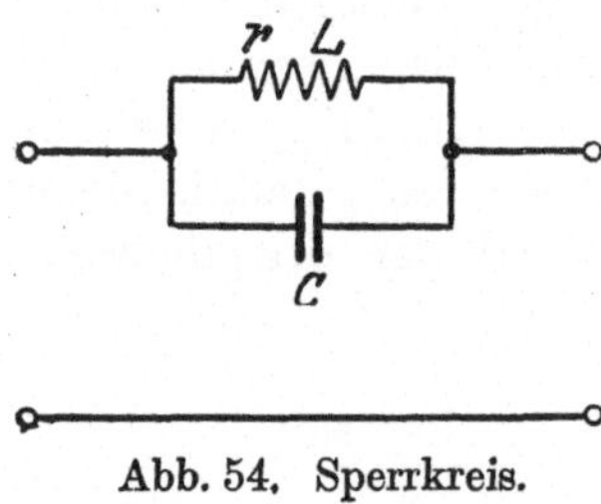

Abb. 54. Sperrkreis.

Daß solche Anordnungen möglich sind, wurde bei der Erscheinung der Stromresonanz festgestellt. Spule und Kondensator sind parallelgeschaltet anzuordnen, wie Abb. 54 zeigt. Die Sperrkreise beruhen nur auf der Erscheinung der Stromresonanz und nicht auf derjenigen der Spannungsresonanz.

Wie im Abschnitt Stromresonanz I 2 f angegeben wurde, braucht in der Zuleitung nur ein kleiner Strom zu fließen, trotzdem können im Kondensatorkreis und Spulenkreis hohe Ströme auftreten. Ist eine Sperrkreisanordnung in einem Wechselstromkreis eingebaut, und fließt in der Zuleitung ein Gemisch von Wechselströmen verschiedener Periodenzahlen, so wird der Strom, dessen Frequenz mit der Eigenfrequenz des Sperrkreises übereinstimmt, nur sehr schwach hindurchgelassen. Alle übrigfrequenten Wechselströme fließen fast ungehindert durch die Sperrkreisanordnung, da ihnen nur ein kleiner Scheinwiderstand entgegengesetzt wird.

Daß bei Resonanz Spulen und Kondensatorstrom keine Vergrößerung des Gesamtstromes bedingen, ergibt sich daraus, daß beide Ströme um fast 180^0 phasenverschoben sind und sich somit kompensieren.

Auf die Bedeutung der Sperrkreise wird später an geeigneter Stelle IV, 2 ausführlich eingegangen werden.

2. Mathematische Behandlung der Sperrkreise.

Bei den Sperrkreisen gibt es keine Dämpfung in dem Sinne wie bei den Kettenleitern. Um die Wirkungsweise der Sperrkreise beziehentlich ihrer sperrenden Wirkung bei Wechselströmen verschiedener Periodenzahlen kennen zu lernen, ist es notwendig, die Veränderung des Verhältnisses

$$\delta = \frac{I_\omega}{I_{res}}$$

mit veränderlicher Periodenzahl zu untersuchen. I_ω ist der Gesamtstrom bei der Kreisfrequenz ω und I_{res} ist der Gesamtstrom bei der Resonanzfrequenz ω.

$$\omega = \frac{1}{\sqrt{LC}}.$$

Das Verhältnis δ gibt bei Sperrkreisen und Wellenschluckern darüber Auskunft, wieviel mal größer der Gesamtstrom bei der Frequenz ω ist gegenüber dem Strom bei der Resonanzfrequenz[1]). Je stärker die Abweichung für eine kleine Änderung der Frequenz von der Resonanzfrequenz ist, desto günstiger ist dies für einen Sperrkreis.

Um zu untersuchen, in welcher Weise δ von den physikalischen Größen der Spule und des Kondensators abhängig ist, muß der Scheinwiderstand der Kombination bei der Periodenzahl ω und derjenige bei der Resonanzperiodenzahl bestimmt werden. Beide Werte sind zueinander in Beziehung zu bringen.

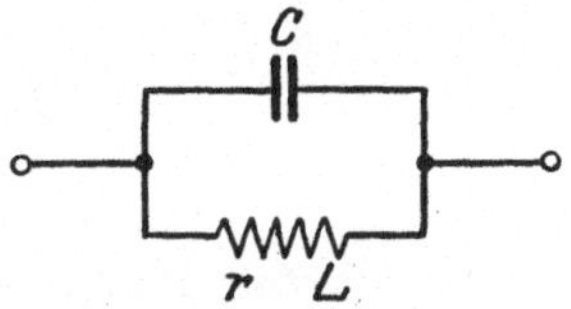

$$\delta = \frac{I_\omega}{I_{res}} = \frac{Z_{res}}{Z_\omega}.$$

Abb. 55. Sperrkreis.

Unter Anwendung der komplexen Rechnungsweise wird an Hand der Abb. 55 für den allgemeinen Fall erhalten:

$$\mathfrak{Z} = \frac{\mathfrak{z}_1 \cdot \mathfrak{z}_2}{\mathfrak{z}_1 + \mathfrak{z}_2}$$

$$\mathfrak{z}_1 = r + j\omega L \qquad \mathfrak{z}_2 = -\frac{j}{\omega C}$$

---

[1]) Der reziproke Wert von δ kann als Dämpfung angesehen werden.

$$\mathfrak{Z} = \frac{\dfrac{L}{C} - \dfrac{r}{\omega C} j}{r + j\left(\omega L - \dfrac{1}{\omega C}\right)}.$$

Da nun im allgemeinen r vernachlässigt werden darf, rechnet sich nach früher die Resonanzfrequenz zu:

$$\omega = \frac{1}{\sqrt{LC}}.$$

Daher wird der Scheinwiderstand bei Resonanz:

$$\mathfrak{Z}_{res} = \frac{\dfrac{L}{C} - j\dfrac{r}{C}\sqrt{LC}}{r}$$

$$Z_{res} = \frac{1}{r \cdot C}\sqrt{L^2 + r^2 LC}$$

oder, da $r^2 \cdot L \cdot C$ gegen L^2 sehr klein ist, wird:

$$Z_{res} = \frac{L}{r \cdot C} \cdot {}^{1})$$

Bei der Frequenz ω ist der Scheinwiderstand, da auch hier r vernachlässigt werden darf:

$$\mathfrak{Z}\omega = \frac{\dfrac{L}{C}}{j\left(\omega L - \dfrac{1}{\omega C}\right)}$$

$$Z_\omega = \frac{L}{C} \cdot \frac{1}{\omega L - \dfrac{1}{\omega C}}.$$

Der Faktor δ nimmt daher folgenden Wert an:

$$\delta = \frac{Z_{res}}{Z\omega} = \frac{\dfrac{L}{r \cdot C}}{\dfrac{L}{C} \cdot \dfrac{1}{\omega L - \dfrac{1}{\omega C}}}$$

$$\delta = \frac{\omega L - \dfrac{1}{\omega C}}{r}.$$

${}^{1})$ Z_{res} heißt auch Sperrkreiswiderstand.

Diese Gleichung gibt an, von welchen Faktoren δ abhängig ist. Wie schon angegeben, ist es für einen Sperrkreis um so günstiger, wenn bei kleiner Änderung von ω eine große Änderung von δ erreicht wird.

Um sich nun ein Urteil über die drosselnde Wirkung des Sperrkreises bilden zu können, soll im folgenden Beispiel das Verhältnis δ bei verschiedenen Frequenzen berechnet werden.

Bei einem Sperrkreis besitze die Spule einen Widerstand von 3 Ohm und einen Selbstinduktionskoeffizienten von 400000 cm. Der Kondensator habe 900 cm Kapazität. Es soll das Verhältnis δ für verschiedene Frequenzen berechnet werden.

$$r = 3 \text{ Ohm}$$
$$L = 400000 \text{ cm} = 4 \cdot 10^{-4} \text{ Henry}$$
$$C = 900 \text{ cm} = 1 \cdot 10^{-9} \text{ Farad.}$$

Die Resonanzfrequenz berechnet sich zu:

$$\omega = \frac{1}{\sqrt{LC}} = \frac{1}{\sqrt{4 \cdot 10^{-4} \cdot 1 \cdot 10^{-9}}} = 1{,}575 \cdot 10^6$$

oder deren Wellenlänge:

$$\lambda = \frac{2\,\pi}{100} \sqrt{L \cdot C} = \frac{2\,\pi}{100} \sqrt{4 \cdot 10^5 \cdot 9 \cdot 10^2} = 1190 \text{ m.}$$

Die weitere Rechnung wird tabellarisch durchgeführt (Tabelle 7).

Tabelle 7.

$\omega \cdot 10^6$	ωL	$\dfrac{1}{\omega C}$	$\omega L - \dfrac{1}{\omega C}$	δ	$|\delta|$
0,5	200	2000	− 1800	− 600	600
1,0	400	1000	− 600	− 200	200
1,5	600	667	− 67	− 22,3	22,3
1,575	632	632	0,0	0,0	0,0
1,6	640	625	15	5	5
4,0	1600	250	1250	417	417
10,0	4000	100	3900	1300	1300

Trägt man die Rechnungsergebnisse graphisch auf, so wird eine Kurve, wie Abb. 56 angibt, erhalten. Bei der Resonanzfrequenz ω ist $\delta = 0$. Nimmt ω Werte an, die unter der Resonanzfrequenz liegen und größer als die Resonanzfrequenz sind, so nimmt δ Werte an, deren absoluter Betrag größer als 1 ist.

Fließen daher durch einen Sperrkreis Wechselströme verschiedener Frequenzen, so wird der Wechselstrom, dessen Periodenzahl mit der Eigenperiodenzahl des Sperrkreises übereinstimmt, fast nicht hindurchgelassen, während alle übrigen Wechselströme den Sperrkreis mehr oder weniger geschwächt passieren können.

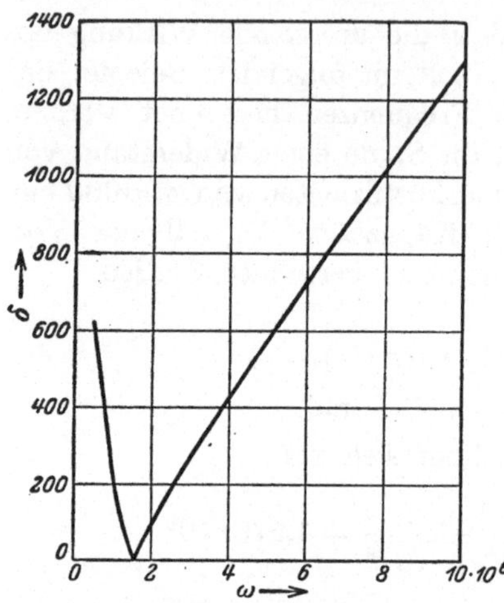

Abb. 56. Sperrbereich bei Sperrkreisen.

Wohl zu merken ist, daß die in diesem Abschnitt abgeleitete Formel für δ nur näherungsweise gilt, da der Widerstand der Spule vernachlässigt wurde. Wünscht man die genauen Werte von δ kennen zu lernen, so bleibt weiter nichts übrig, als die Scheinwiderstände in komplexer Form bei der Frequenz ω und Resonanzfrequenz zu berechnen, was aber rechentechnisch ziemlich umständlich ist. Nach vorliegend angegebener Methode werden die Werte genau genug erhalten.

3. Wellenschlucker.

Das Schaltschema eines Wellenschluckers ist in Abb. 57 dargestellt. Wie das Schaltbild zeigt, besteht er aus Spulen und Kondensatoren. Die Parallelschaltung von Spule und Kondensator wirkt wie ein Sperrkreis, beruht auf der Erscheinung der Stromresonanz und die Hintereinanderschaltung von Spule und Kondensator als Kurzschluß und beruht auf der Erscheinung der Spannungsresonanz.

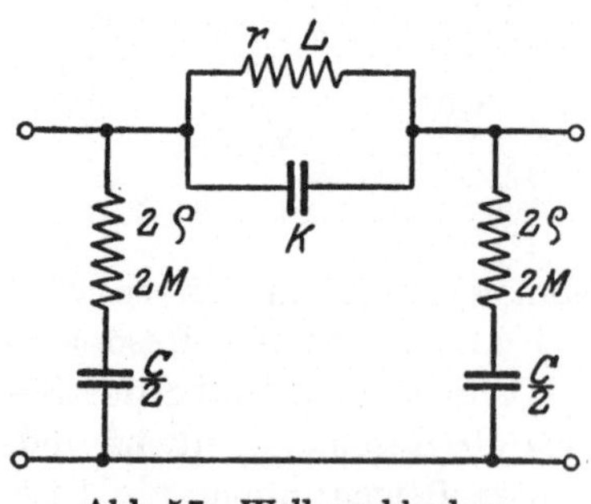

Abb. 57. Wellenschlucker.

Nachstehend soll nun das Verhalten des Wellenschluckers im Wechselstromkreis bei verschiedenen Periodenzahlen betrachtet werden. Die Berechnung erfolgt nach denselben Regeln, wie sie bei den Kettenleitern angewendet wurde. Die Dämpfung ergibt sich nach der Gleichung:

$$\mathfrak{Sin}^2\, a = -\tfrac{1}{2}(1 - A^2 - B^2) + \sqrt{B^2 + \tfrac{1}{4}(1 - A^2 - B^2)^2}\,.$$

Die Konstanten A und B berechnen sich nach den Gleichungen:

$$A + Bj = 1 + \tfrac{1}{2}\,\mathfrak{y}\cdot\mathfrak{z}$$

$$\mathfrak{y} = \frac{1}{\varrho + j\left(\omega M - \dfrac{1}{\omega C}\right)}$$

$$= \frac{\mathfrak{z}_1\,\mathfrak{z}_2}{\mathfrak{z}_1 + \mathfrak{z}_2} = \frac{(r + j\,\omega L)\cdot\left(-\dfrac{j}{\omega K}\right)}{r + j\left(\omega L - \dfrac{1}{\omega K}\right)}\,.$$

Unter Annahme, daß ϱ und r vernachlässigt werden können, ergibt sich:

$$\mathfrak{y} = \frac{1}{j\cdot\left(\omega M - \dfrac{1}{\omega C}\right)}$$

$$\mathfrak{z} = \frac{\dfrac{L}{K}}{j\left(\omega L - \dfrac{1}{\omega K}\right)}$$

demnach:

$$A + Bj = 1 + \frac{1}{2}\left[\frac{1}{j\left(\omega M - \dfrac{1}{\omega C}\right)}\right]\cdot\left[\frac{\dfrac{L}{K}}{j\left(\omega L - \dfrac{1}{\omega K}\right)}\right]$$

$$A = 1 - \frac{L}{2\,K}\cdot\frac{1}{\left(\omega M - \dfrac{1}{\omega C}\right)\cdot\left(\omega L - \dfrac{1}{\omega K}\right)}$$

$$B = 0\,.$$

Die Eigenwelle berechnet sich zu:

$$\omega L - \frac{1}{\omega K} = 0$$

$$\omega = \frac{1}{\sqrt{LK}}.$$

Wird $L \cdot K = M \cdot C$ ausgeführt, so ist die Sperrkreiswirkung am größten. Außerdem ist $L/2 \cdot K$ möglichst klein zu halten, um eine gute Wirkung zu erreichen.

In nachstehendem Beispiel ist die Dämpfung für verschiedene Frequenzen eines Wellenschluckers berechnet.

Um eine Wellenlänge von 450 m abzusperren, sei die Anordnung der Abb. 58 gewählt. Es werden vorgesehen:

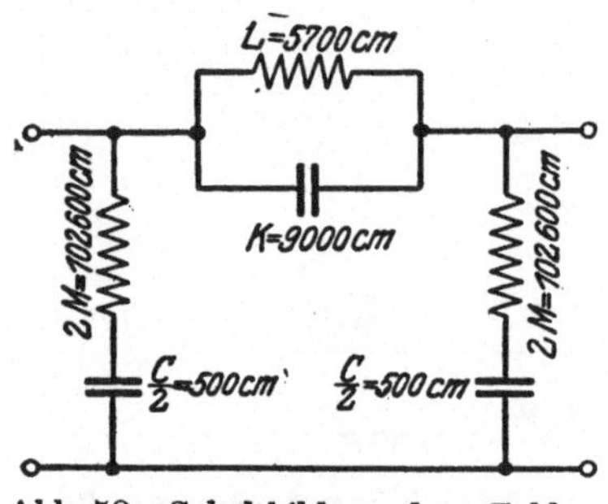

Abb. 58. Schaltbild zu dem Zahlenbeispiel.

$$L = \ 5700 \text{ cm} \qquad K = 9000 \text{ cm}$$

$$M = 51\,300 \text{ cm} \qquad C = 1000 \text{ cm}$$

$$\lambda = \frac{2\pi}{100} \sqrt{LK} = \frac{2\pi}{100} \sqrt{5{,}7 \cdot 10^3 \cdot 9 \cdot 10^3} = 450 \text{ m}$$

$$\lambda = \frac{2\pi}{100} \sqrt{M \cdot C} = \frac{2\pi}{100} \sqrt{5{,}13 \cdot 10^3 \cdot 1 \cdot 10^4} = 450 \text{ m}$$

$$c = \frac{v}{\lambda} = \frac{300\,000}{0{,}45} = 666\,700.$$

$$\frac{L}{2K} = \frac{5700 \cdot 10^{-9}}{2 \cdot 9 \cdot 10^3 \cdot 10^{-11}} = 31{,}7.$$

Die Berechnung der Dämpfung wird wieder tabellarisch durchgeführt, wie Tabelle 8 angibt.

Tabelle 8.

$\omega \cdot 10^6$	ωL	$\dfrac{1}{\omega K}$	$\omega L - \dfrac{1}{\omega K}$	ωM	$\dfrac{1}{\omega C}$	$\omega M - \dfrac{1}{\omega C}$	A	$\mathfrak{Sin}^2 a$	a
1,5	8,5	66,7	− 58,2	77,0	600	− 523,0	0,999	0,00	0,00
3,5	20,0	28,6	− 8,6	179,6	257,2	− 77,6	0,948	0,00	0,00
4,0	22,8	25,0	− 2,2	205,5	225	− 19,5	0,254	0,00	0,00
4,1	23,4	24,4	− 1,0	210,5	219,5	− 9,0	− 2,27	4,2	1,47
4,15	23,7	24,2	− 0,5	213	216,8	3,8	−15	224	3,4
4,19	23,9	23,9	0,0	215	215	0,0	− ∞	∞	∞
4,23	24,1	23,6	0,5	217,3	212,8	4,5	−13,6	184	3,31
4,30	24,5	23,3	1,2	220,8	209,3	11,5	− 1,20	0,45	0,63
4,50	25,7	22,2	3,5	231,0	200	31,0	0,704	0,00	0,00
5,00	28,5	20,0	8,5	256,5	180	76,5	0,951	0,00	0,00
10,0	57	10,0	47,0	513	90	423	0,999	0,00	0,00

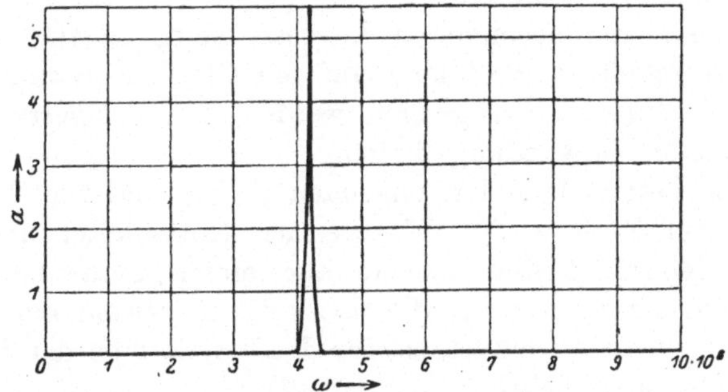

Abb. 59. Sperrbereich bei Wellenschlucken.

Die erhaltenen Rechenergebnisse sind in Abb. 59 graphisch aufgetragen. Wie ersichtlich nimmt die Dämpfung bei der Eigenperiodenzahl einen sehr hohen Wert an. Unendlich! Bei allen anderen Periodenzahlen ist die Dämpfung kleiner.

Der Wellenschlucker ist daher für Wechselströme aller möglichen Periodenzahlen durchlässig, läßt nur Wechselströme einer bestimmten Periodenzahl nicht hindurch.

Der Wellenschlucker besitzt ebenfalls eine gute Sperrkreiswirkung.

II. Praktischer Teil.

1. Einleitung.

Der folgende, sogenannte praktische Teil bringt die Anwendung der vorangegangenen theoretischen Erläuterungen. Im folgenden werden nur Abschnitte aus dem Gebiete der drahtlosen Telegraphie und Telephonie und der damit zusammenhängenden Gebiete behandelt, und hier werden in erster Linie diejenigen ausführlich durchgesprochen, die für den Radioamateur von besonderem Interesse sind. In einigen besonderen Abschnitten wird kurz auf die Gleichrichteranlagen und Sendeschaltungen eingegangen werden, soweit Sperrkreise und Kettenleiter Verwendung finden.

Zum Verständnis der folgenden Zeilen sind für diejenigen, denen das Studium der Theorie der Kettenleiter und Sperrkreise Schwierigkeiten macht, nur einige zusammenfassende Bemerkungen notwendig, die nachgelesen werden müssen. Die Kenntnis dieser Abschnitte ist für das Verständnis der folgenden Abschnitte unentbehrlich. Es betrifft:

1) Abschnitt A 2 g
2)   „   B 7
3)   „   C 1.

Mit Rücksicht auf den Leserkreis hat der Verfasser im folgenden die mathematischen Anforderungen auf ein Mindestmaß beschränkt. Soweit irgend möglich, wurden die Formeln vermieden und höchstens nur solche angezogen, die allgemein bekannt sind. Soweit möglich, wurden nur Zahlenangaben gemacht. Für jeden Radiofreund dürften daher die folgenden Abschnitte verständlich sein.

2. Der Sperrkreis.

Die Wirkungsweise der Sperrkreise beruht darauf, daß sie Wechselströmen der Eigenfrequenz einen großen Scheinwiderstand entgegensetzen, während sie alle übrig frequenten Wechselströmen einen kleineren Widerstand entgegensetzen; sie lassen dieselben ungehindert hindurch. Ist also in einer wechselstromführenden Leitung ein Sperrkreis eingebaut, so läßt er alle Wechselströme ungehindert hindurch und setzt nur dem Wechselstrom, dessen Periodenzahl mit der Eigenperiodenzahl des Sperrkreises übereinstimmt, einen hohen Widerstand entgegen. Ist also — auf die drahtlose Telegraphie und Telephonie angewendet — ein Sperrkreis auf eine Welle abgestimmt, die nicht gewünscht wird, so kann dieselbe dadurch unterdrückt werden. Vollständig die Störwelle zu beseitigen ist jedoch nicht möglich. Es wird stets etwas Störenergie hindurchgelassen werden. Durch geeignete Wahl der Größen für Spule und Kondensator kann erreicht werden, daß die Störenergie nur in einem solch schwachen Maße hindurchgelassen wird, daß sie im Telephon nicht mehr wahrgenommen wird. Ein wesentlicher Faktor, der von Einfluß ist und beachtet werden muß, ist der, daß der Widerstand der Spule so klein denn möglich gehalten wird und daß ein sehr gut isolierter Kondensator verwendet wird, bei dem also der Isolationswiderstand immer sehr hohe Werte annimmt.

Zur Zeit stehen die Sperrkreise im Mittelpunkt des Interesses und es wird wohl in der nächsten Zukunft auch so bleiben. Durch die Verstärkung mancher auswärtiger Stationen wird sich noch mehr als bisher das Bestreben entwickeln, vom Ortssender frei zu werden. Denn der Runkfunkteilnehmer wünscht ja nicht die Sendestation seines Bezirkes zu hören, sondern auch das Programm anderer Stationen abzuhören.

Die Bedeutung der Sperrkreise liegt darin, daß durch einfache Mittel der Ortssender bei Empfang auswärtiger Stationen soweit unwirksam gemacht werden kann, daß ein Empfung der fernen Stationen möglich ist. Die Sperrkreise sind einfach zu bedienen und außerdem sind sie noch durch einen äußerst einfachen Aufbau gekennzeichnet. Sie bestehen aus einer Spule und einem Kondensator oder aus zwei Spulen und einem Kondensator. Eine Spule und ein Kondensator müssen stets parallel geschaltet sein. Das Kennzeichen der Sperrkreisschaltung liegt in der Parallelschaltung von Spule und Kondensator. Die Eigenperiodenzahl der Sperrkreise berechnet sich nach der bekannten Gleichung: $\omega = \dfrac{1}{\sqrt{L \cdot C}}$.

Für den Radioamateur, der sich viel mit dem Selbstbau von Empfangsapparaten beschäftigt, und sehr häufig Sperrkreise einbaut, ist es ratsam, sich einen kompletten Sperrkreis zusammenzubauen und mit einer Eichskala zu versehen. Es ist dies nicht schwer. Eine Honigwabenspule mit 35 Windungen in Verbindung mit einem Drehkondensator 1000 cm genügt für einen Wellenbereich von ca. 200 bis 430 m, eine Spule mit 50 Windungen mit 1000 cm Kondensator für Wellen zwischen 250 bis 700 m. 75 Windungen Spulen brauchen nur in den seltensten Fällen angewendet zu werden. Es wird gut sein, einen Drehkondensator mit Feineinstellung zu verwenden. Als eventuelle Kopplungsspule ist eine solche mit 3 bis 6 Windungen zu verwenden; in manchen Fällen sind auch Spulen mit 25 Windungen anzuwenden. Die hier mitgeteilten Werte gelten natürlich nur für den Rundfunkverkehr. Sperrkreise zum Abdrosseln nur einer bestimmten Welle sind beschränkt zu empfehlen.

Die Sperrkreise können im Antennenkreis liegen, aber auch im Empfangsapparat selbst untergebracht sein. Bei Apparaten der älteren Ausführung, die noch keinen Sperrkreis besitzen, wird man den Sperrkreis, wenn keine Umänderung vorgenommen werden soll, im Antennenkreis unterbringen. Bei den Apparaten neuerer Ausführung ist der Sperrkreis fast ausschließlich im Empfangsapparat angeordnet.

Daß durch den Einbau der Sperrkreise die Empfangsintensität etwas geschwächt wird, dürfte selbstverständlich sein, da im Widerstand der Sperrkreisspule stets Energie verbraucht wird. Der Energieverbrauch wird um so geringer sein, je kleiner der Widerstand der Sperrkreisspule ist.

3. Der Sperrkreis im Antennenkreis[1]).

Die einfachste Anordnung eines Sperrkreises im Antennenkreis gibt Abb. 60. Der Sperrkreis besteht aus Spule und Kondensator. Als Empfänger kann jeder beliebige Empfänger benutzt werden.

---

[1]) In den folgenden Skizzen sind die Sperrkreise stets durch fetten Strich hervorgehoben.

Zur Beseitigung der Störwellen benötigt man im Rundfunkverkehr eine Spule mit 35 bzw. 50 Windungen und einen Kondensator mit 500 bis 1000 cm Kapazität möglichst mit Feinabstimmung.

Durch eine bequeme Vorrichtung mittels mehrerer Umstecker oder Schalter muß der Sperrkreis leicht eingeschaltet und ebenso leicht wieder herausgenommen werden können. Die Zuleitungen a—b, c—d und a—d sind so kurz denn möglich zu halten. Ist a mit d verbunden, so ist der Sperrkreis nicht eingeschaltet, ist a mit b und c mit d verbunden, so liegt der Sperrkreis direkt im Antennenkreis.

Um den Sperrkreis wirksam zu machen, kann verschieden vorgegangen werden. Eine Methode ist folgende: Zuerst wird ohne Sperrkreis der Ortssender empfangen, darauf der Sperrkreis eingeschaltet und am Sperrkreisdrehkondensator die Stellung gesucht, bei welchem der Ortssender verschwindet. Der Sperrkreis hat in diesem Falle dieselbe Wellenlänge wie die Störstation und setzt der Störwelle einen hohen Widerstand entgegen, so daß Wechselströme dieser Periodenzahl nicht zum Abhörapparat gelangen können. Darauf beginnt man am eigentlichen Empfangsapparat mit dem Suchen der fernen Stationen, wobei der Kondensator des Filterkreises nur sehr wenig zwecks genauer Einstellung nachverstellt werden darf.

In Abb. 61[1]) ist ein weiteres Schaltbild angegeben. Der Sperrkreis ist in diesem Falle induktiv angekoppelt. Die Abmes-

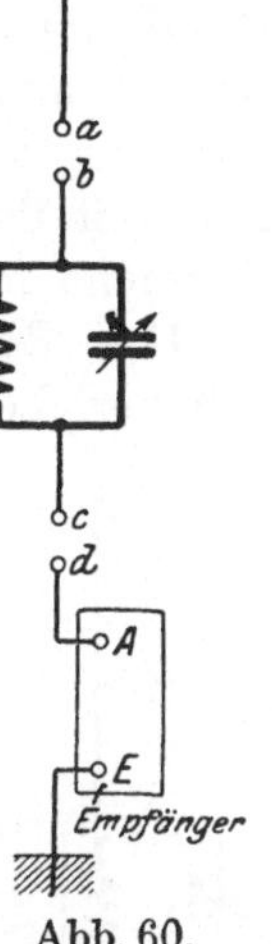

Abb. 60.
Sperrkreis im Antennenkreis.

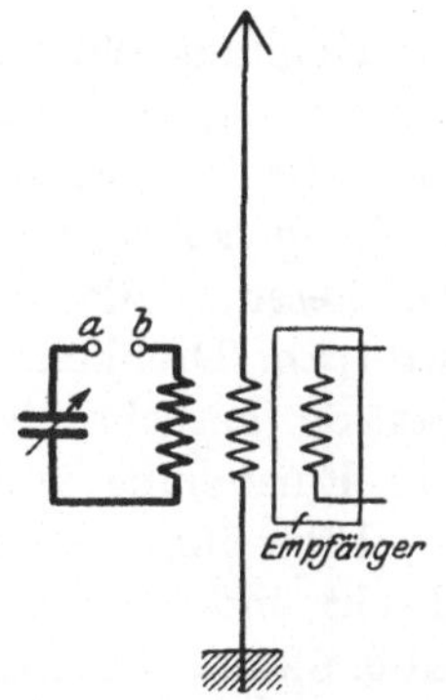

Abb. 61. Sperrkreis (Saugkreis) induktiv angekoppelt.

---

[1]) Bei den Schaltungen nach Abb. 61—65, 67, 68 ist zu beachten, daß in diesen Fällen keine eigentlichen Sperrkreise vorliegen, sondern die Filterkreise mehr oder minder Saugkreise darstellen. Die Störwellenenergie wird durch die Filterkrise aufgesaugt und gelangt nicht zum Empfangsapparat. Die Schaltungen stellen gleichzeitig eine zusätzliche Abstimmung dar.

sungen für den Sperrkreis sind dieselben wie zuvor; Spule 35 bzw. 50 Windungen, Kondensator 500 bzw. 1000 cm. Die Spule, die im Antennenkreis liegt, darf nur wenig Windungen besitzen (25 Windungen). Der Antennenkreis wird bei dieser Schaltung nicht abgestimmt (aperiodischer Empfangskreis). Induktiv angekoppelt an die Antennenspule ist die Spule des Empfangsapparates. Es gibt nach dieser Schaltung eine günstige Stellung für die Kopplung der 3 Spulen. Sie ist durch Versuche festzustellen.

Die Bedienung eines solchen Empfängers macht keine Schwierigkeiten, da die Einstellung ziemlich einfach ist. Zuerst

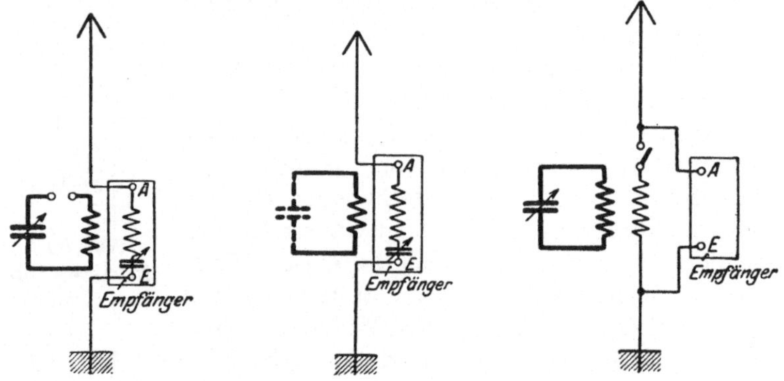

Abb. 62—64. Sperrkreise (Saugkreise) induktiv angekoppelt.

ist Empfang ohne Filterkreis (Klemmen a, b offen) einzustellen, darauf ist der Filterkreis einzuschalten (Klemmen a, b mit einander verbinden) und Drehen am Sperrkreiskondensator die Stellung zu suchen, bei welcher der Empfang verschwindet. In diesem Falle absorbiert der Sperrkreis die Störwelle. Darauf wird am Drehkondensator des Empfangskreises die gewünschte Station gesucht. Selbstverständlich kann man auch hier bei der Einstellung anders vorgehen.

Eine ähnliche Anordnung, bei welcher jedoch der Sperrkreis direkt induktiv an die Empfangsspule angekoppelt ist, gibt Abb. 62 an. Die Einstellung erfolgt auch hier ähnlich wie früher. Zuerst den Ortssender empfangen, dann Störwelle absorbieren und darauf gewünschte Station suchen. Die Spule des Sperrkreises hat wieder zweckmäßig 35 bzw. 50 Windungen.

Wendet man im Sperrkreis anstatt einer Spule mit wenig Windungen eine solche mit 300 bzw. 400 Windungen an, so kann der Drehkondensator des Sperrkreises in Wegfall kommen, da die Eigenkapazität der Spule mit deren Selbstinduktivität ein schwingungsfähiges Gebilde darstellt, dessen Wellenlänge im

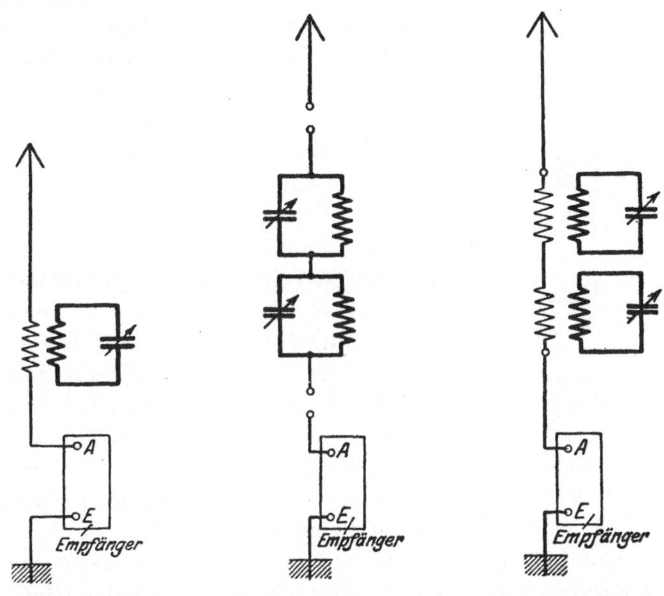

Abb. 65. Sperrkreis (Saugkreis) induktiv an die Antennezuleitung vor dem Empfänger angekoppelt.

Abb. 66. Zwei Sperrkreise in Hintereinanderschaltung im Antennenkreis.

Abb. 67. Zwei Sperrkreise (Saugkreise) in Hintereinanderschaltung im Antennenkreis.

Bereich der Rundfunkwellen liegt. Abb. 63 gibt ein dementsprechendes Schaltbild. Die Kopplung hat hier einen günstigen Wert, der durch Ausprobieren zu ermitteln ist. Der fehlende Kondensator ist gestrichelt gezeichnet.

Die in Abb. 64 dargestellte Schaltung ist derjenigen in Abb. 61 angegebenen Schaltung ähnlich. Die Werte bleiben dieselben. Der einzige Unterschied, der besteht, liegt darin, daß die Antennenspule ein- und ausgeschaltet werden kann und der Empfangskreis direkt an die Antennenspule angekoppelt ist.

Auch bei dieser Schaltung gibt es für die Kopplung einen günstigen Wert, der durch Ausprobieren zu finden ist.

Die Einstellung kann ähnlich wie früher erfolgen, es kann indessen auch folgendermaßen vorgegangen werden. Zuerst wird der Empfänger mit offenem Schalter auf die Wellen der entfernten Station eingestellt, darauf wird der Schalter eingelegt, wobei der Empfang verschwinden muß. Er wird aber sofort wieder zurückkommen, sobald der Sperrkreis auf die örtliche Welle eingestellt ist und die Störwelle somit absorbiert.

Abb. 65 gibt das Schaltbild einer Empfangsanordnung, bei welcher der Sperrkreis vor dem Empfänger liegt und induktiv an die Antenne angekoppelt ist. Die Spule im Antennenkreis hat nur 3 bis 6 Windungen. Betreffend der Einstellung gilt dasselbe wie bei den früheren Schaltungen. Zuerst ohne Sperrkreis abstimmen, dann Sperrkreis einschalten, darauf Störwelle beseitigen und zum Schluß gewünschte Station suchen.

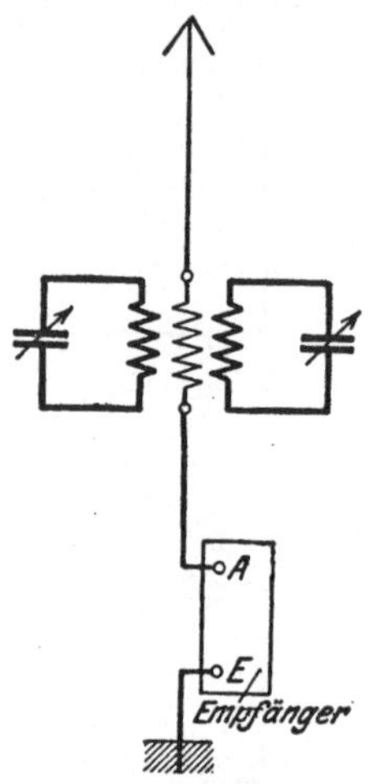

Abb. 68. Doppelsperrkreis (Doppelsaugkreis).

In Abb. 66 ist ein Schaltbild angegeben, bei welchem zwei Sperrkreise im Antennenkreis hintereinander geschaltet sind. Sie sind ähnlich einer Kette angeordnet. Mit dieser Schaltung lassen sich gute Wirkungen erzielen. Nach Abb. 67 sind 2 Saugkreise hintereinander geschaltet. Sie ergeben ebenfalls gute Wirkungen. Die Spulen im Antennenkreis dürfen nur 3 bis· 6 Windungen besitzen.

In Abb. 68 ist ein doppelter Sperrkreis angegeben. Antennenspule 3 bis 6 Windungen. Sperrkreisspulen links und rechts wie früher; ebenso sind die Kondensatoren wie früher zu wählen.

4. Sperrkreise im Empfangsapparat[1]).

Bei den nun folgenden Schaltschemen liegen die Sperrkreise nicht im Antennenkreis, sondern sind in der eigentlichen

---

[1]) Die Schaltbilder sind der Einfachheit halber in allen Fällen nur

Empfangsapparatur untergebracht. Wenn irgend möglich soll eine Empfangsanordnung stets so ausgeführt werden, daß der Sperrkreis im Empfangsapparat liegt, da Bedienung und Einstellung in diesem Falle wesentlich einfacher sind. Die in diesem Abschnitt behandelten Sperrkreisschaltungen beziehen sich auf den Röhrenempfänger. Der Aufbau der Sperrkreise ist auch bei diesen Schaltanordnungen ebenso einfach wie früher. Die Spule hat für den Rundfunkverkehr zweckmäßig 35 bzw. 50 Windungen und der Drehkondensator 500 bzw. 1000 cm. Vorteilhaft wird man einen solchen mit Feinabstimmung verwenden.

Die zu den folgenden Schaltschemen gehörigen Bemerkungen sind der Einfachheit halber jedem einzelnen Schaltbild beigegeben. Es wird in diesem Abschnitt eine größere Anzahl verschiedenartiger Schaltbilder gebracht werden. Auf alle möglichen Schaltungen eingehen und das Gebiet lückenlos behandeln zu wollen, würde zu weit führen. Außerdem würde sich auch eine Reihe von Schaltbildern wiederholen. Aus dem Gebiet aller möglichen Schaltungen ist nur eine Anzahl charakteristischer Schaltungen herausgegriffen worden.

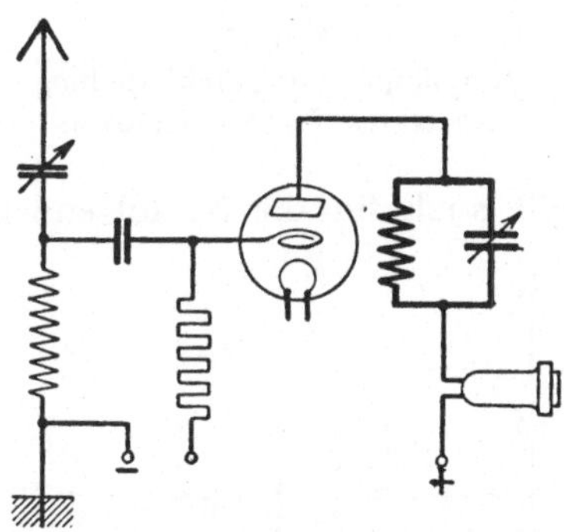

Abb. 69. Sperrkreis im Anodenkreis.

Das Wesentliche für die Sperrkreiswirkung wurde kurz erwähnt. Bei manchen Schaltbildern wurden auch mehrere Sperrkreise angeordnet. Bei den Schaltungen, bei denen Kopplungen vorkommen, ist der günstigste Kopplungsgrad stets durch Versuch zu ermitteln. Ist bei den Sperrkreisen keine Kopplung vorgesehen, so muß dieselbe vermieden werden.

Die Leser werden finden, daß der Aufbau mancher Apparate sehr einfach ist, derjenige anderer ziemlich umständlich. Das-

---

schematisch gezeichnet, da es hauptsächlich bei dieser Zusammenstellung darauf ankommt zu zeigen, in welchen Leitungsteil Sperrkreise eingebaut werden können. Die Sperrkreise sind durch Fettdruck hervorgehoben.

selbe gilt auch für die Bedienung der Apparate. Ein Apparat
mit nur zwei oder drei Variablen läßt sich leichter bedienen
als ein solcher, bei welchem 15 bis 20 Variable vorkommen.

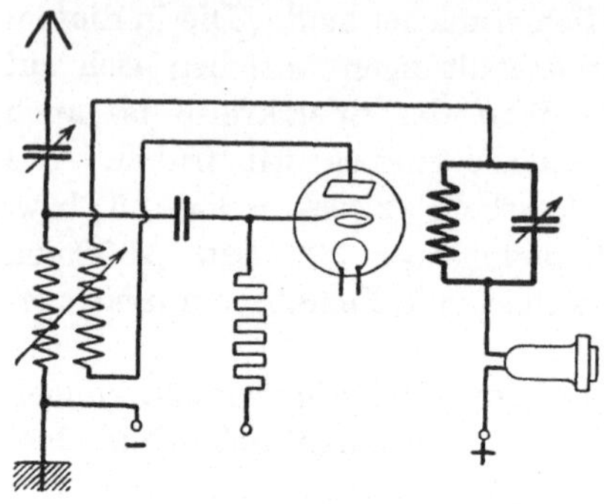

Abb. 70.
Empfänger mit Rückkopplung.
Sperrkreis im Anodenkreis.

Im allgemeinen wird schon
wegen der Billigkeit ein einfacher Apparat gebaut werden
müssen.

Abb. 69. Bei dieser Schaltung liegt der Sperrkreis im
Anodenkreis der Röhre. Mit
dem Antennenkreis ist jede
Kopplung zu vermeiden. Daß
an der Stelle, wo ein Telephon angeordnet ist, ein Niederfrequenzverstärker angeschlossen werden kann, dürfte
selbstverständlich sein. Dies

gilt auch für die im folgenden angegebenen Schaltungen.

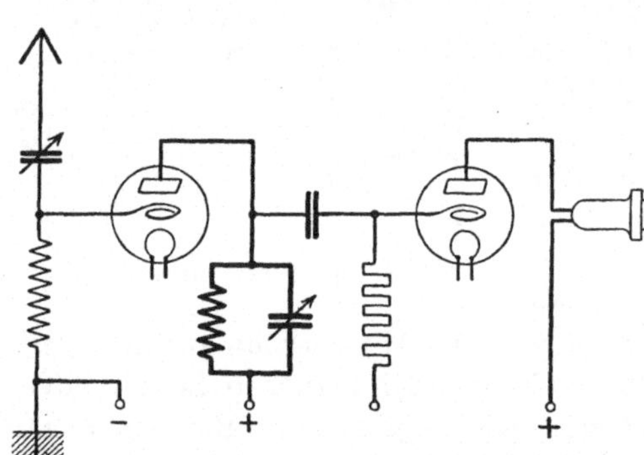

Abb. 71. Zwei-Röhren-Empfänger. Sperrkreis im
Anodenkreis der ersten Röhre.

Abb. 70. Der
Sperrkreis ist bei die-
ser Schaltung in den
Rückkopplungskreis
der ersten Röhre ein-
gebaut. Er liegt zwi-
schen Rückkopp-
lungsspule und Tele-
phon. Der Sperrkreis
ist nicht auf den
Antennenkreis ge-
koppelt.

Abb. 71. Der
Sperrkreis liegt hier
im Anodenkreis der ersten Röhre. Die erste Röhre wirkt als
Hochfrequenzverstärker und die zweite als Audion. Bei Hoch-
frequenzverstärkern wird man gut tun, in jeden Anodenkreis
einen Sperrkreis einzubauen.

Abb. 72. Der Sperrkreis ist hier im Anodenkreis der zweiten
Röhre angeordnet. Die Spule D_r ist eine kleine Drosselspule
mit höherer Induktion (150 bis 300 Wdg. Honigwabenspule). Die

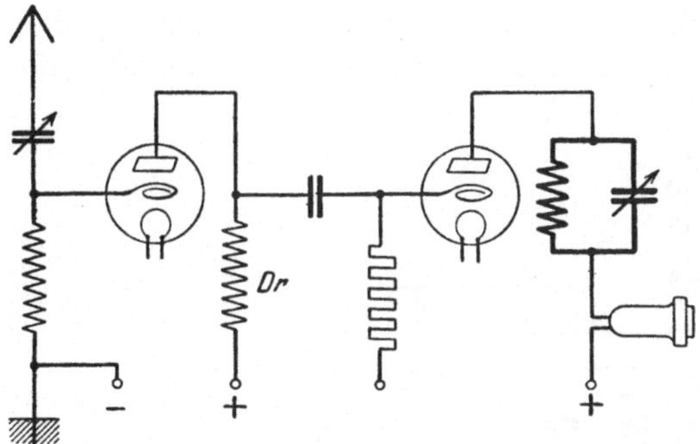

Abb. 72. Zwei-Röhren-Empfänger. Sperrkreis im Anodenkreis der zweiten Röhre.

erste Röhre wirkt als Hochfrequenzverstärker und die zweite als Audion.

Abb. 73. In dieser Schaltung ist ein Empfänger dargestellt mit Rückkopplung. Allerdings ist es nicht die reine Rückkopplungsschaltung, sondern sie ist abstimmbar, wodurch ein sehr selektiver Empfang gewährleistet wird. Die abstimmbare Rückkoppelung wirkt wie ein Sperrkreis.

Abb. 74 stellt eine Empfangsschaltung dar mit doppelter Rückkopplung. Die Schaltung ist Abb. 70 ähnlich, nur mit dem Unterschied, daß der Sperrkreis auch auf die Antennenspule (Gitterspule) gekoppelt ist.

Abb. 75. Diese Schaltung ist derjenigen

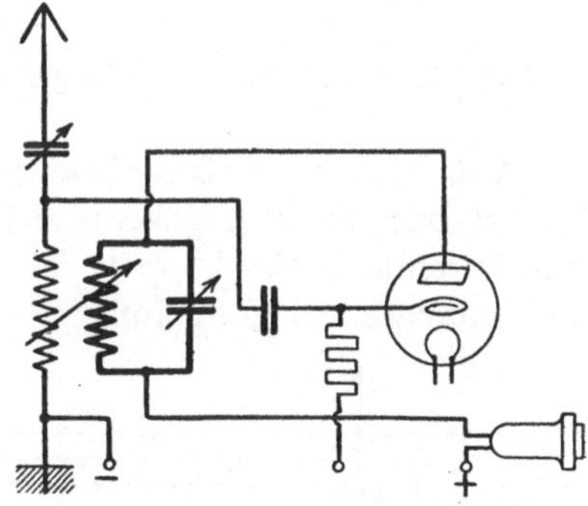

Abb. 73. Empfänger mit abstimmbarer Rückkopplung.

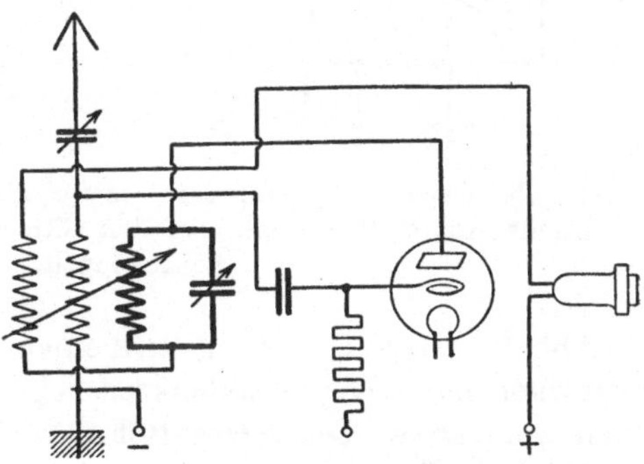

Abb. 74. Empfänger mit abstimmbarer und doppelter Rückkopplung.

Abb. 73 ähnlich, nur mit dem Unterschied, daß die erste Röhre als Hochfrequenz- verstärker wirkt und die zweite als Audion.

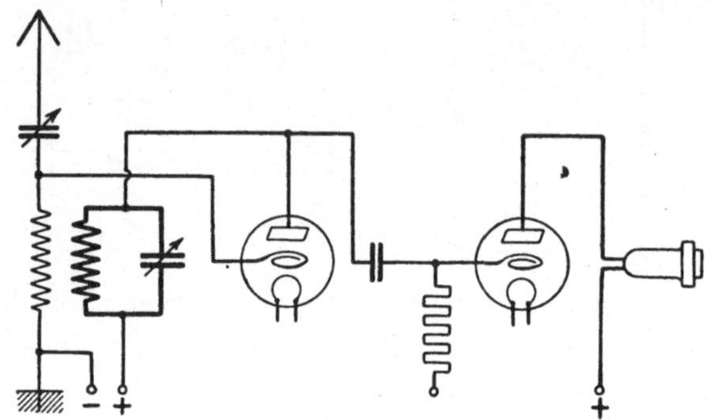

Abb. 75. Zwei-Röhren-Empfänger mit abstimmbarer Rückkopplung.

Abb. 76. In der Anordnung gleicht diese Schaltung Abb. 75. Sie ist nur dadurch gekennzeichnet, daß die zweite Röhre auf die Antenne rückgekoppelt ist. Die erste Röhre enthält eine abstimmbare Rückkopplung.

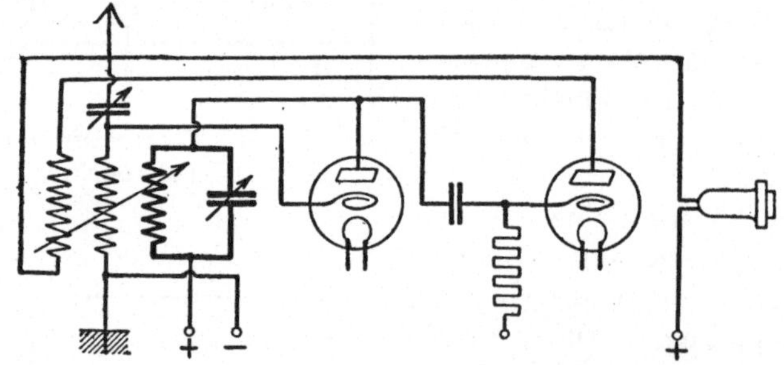

Abb. 76. Zwei-Röhren-Empfänger mit abstimmbarer Rückkopplung. Zweite Röhre ist ebenfalls auf den Gitterkreis der ersten Röhre rückgekoppelt.

Abb. 77. Diese Schaltung stellt einen 2-Röhren-Hochfrequenzverstärker dar. Der Anodenkreis einer jeden Röhre enthält einen Sperrkreis. Die letzte Röhre wirkt als Audion.

Abb. 78. Diese Schaltung stellt ebenfalls einen 3-Röhren-Hochfrequenzverstärker dar. Die erste Röhre enthält einen ab-

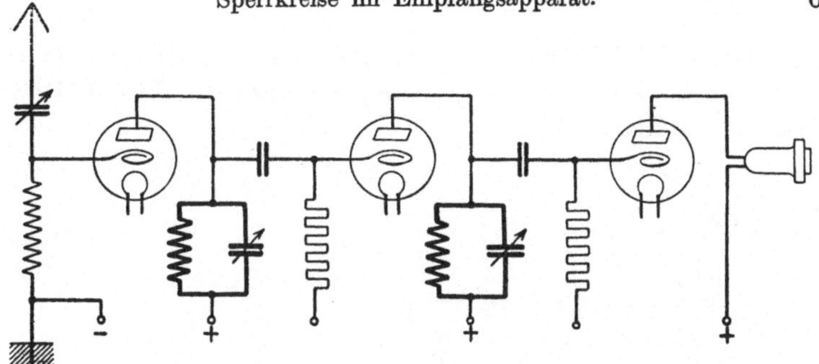

Abb. 77. Drei-Röhren-Empfänger. In jedem der beiden Anoden-
kreise des Hochfrequenzverstärkers ein Sperrkreis.

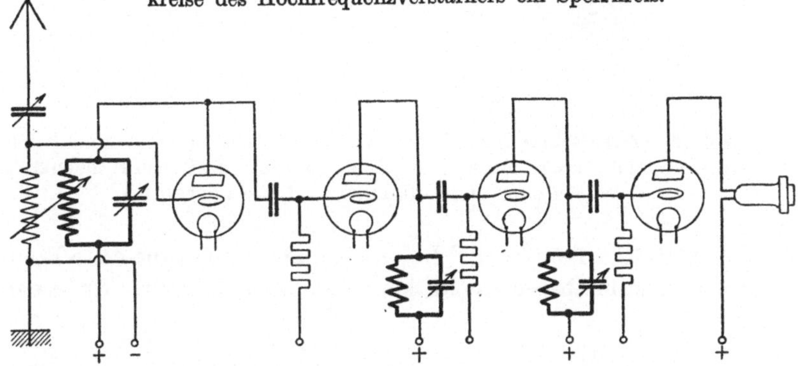

Abb. 78. Vier-Röhren-Empfänger. 1. Röhre mit abstimmbarer Rückkopplung; 2. und 3. Röhre enthalten im Anodenkreis je einen Sperrkreis.

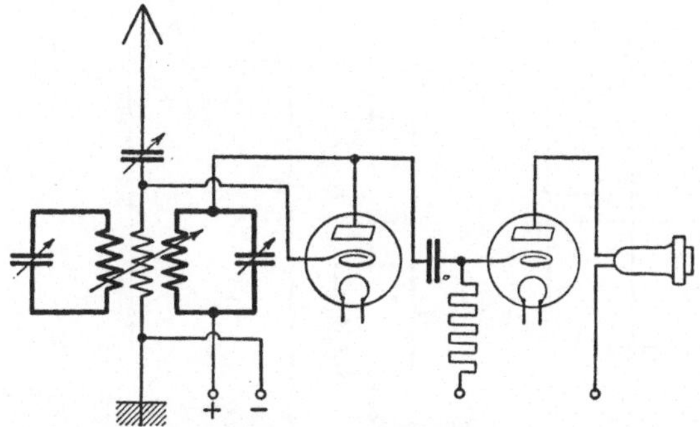

Abb. 79. Zwei-Röhren-Empfänger. 1. Röhre enthält einen abstimmbaren
Rückkopplungskreis. Außerdem ist ein Saugkreis dem Antennenkreis
angekoppelt.

stimmbaren Rückkopplungskreis, die zweite und dritte Röhre enthalten im Anodenkreis je einen Sperrkreis. Die 4. Röhre wirkt als Audion.

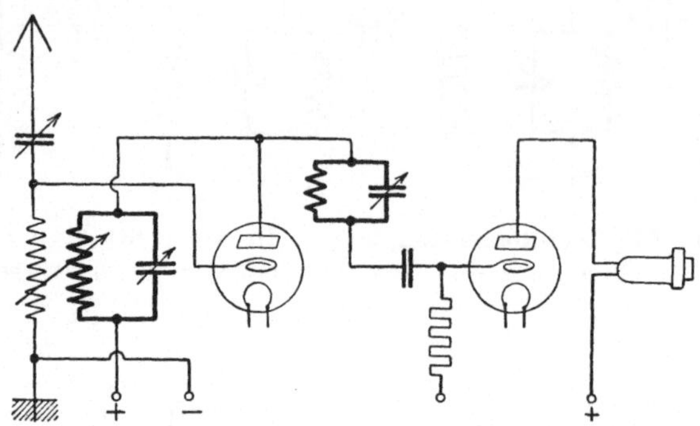

Abb. 80. Zwei-Röhren-Empfänger. 1. Röhre enthält einen abstimmbaren Rückkopplungskreis. Außerdem ist ein Sperrkreis zwischen Anodenkreis der 1. Röhre und Gitter der 2. Röhre angeordnet.

Abb. 79. Bei dieser Schaltanordnung enthält die erste Röhre einen abstimmbaren rückgekoppelten Anodenkreis. Außerdem

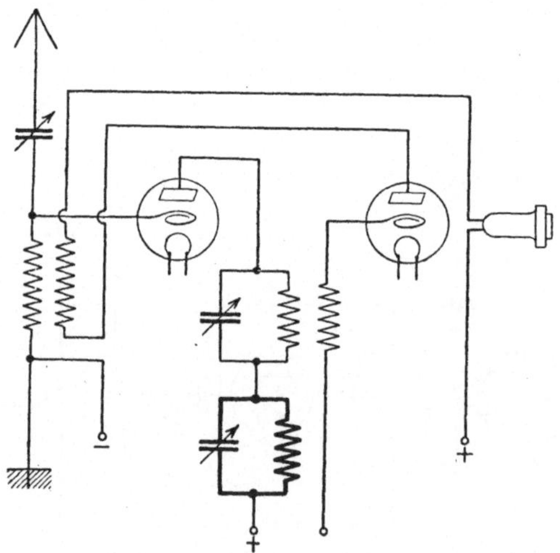

Abb. 81. Zwei-Röhren-Empfänger. Sperrkreis befindet sich im Anodenkreis der 1. Röhre.

ist an den Antennenkreis ein zweiter Sperrkreis induktiv gekoppelt, der die Störwelle aufsaugen soll[1]).

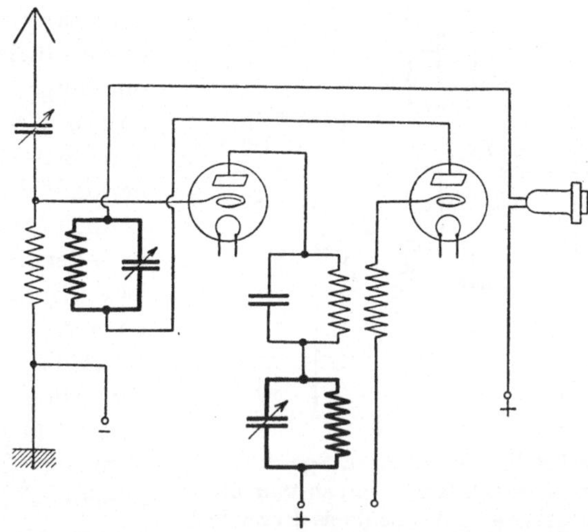

Abb. 82. Zwei-Röhren-Empfänger. Der Sperrkreis befindet sich im Anodenkreis der ersten Röhre. Außerdem abstimmbare Rückkopplung.

Abb. 80. Das Kennzeichen dieser Schaltung liegt darin, daß
in der Verbindung zwischen Anode der ersten Röhre und dem

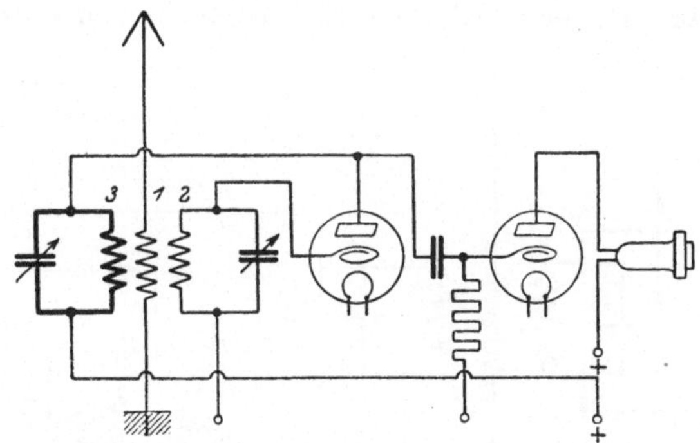

Abb. 83. Zwei-Röhren-Empfänger. Abstimmbare Rückkopplung im
Anodenkreis der ersten Röhre.

---

[1]) Vgl. Fußnote Seite 57.

5*

Gitterkondensator ein Sperrkreis eingebaut ist. Die Rückkopplung ist bei dieser Schaltung auch abstimmbar.

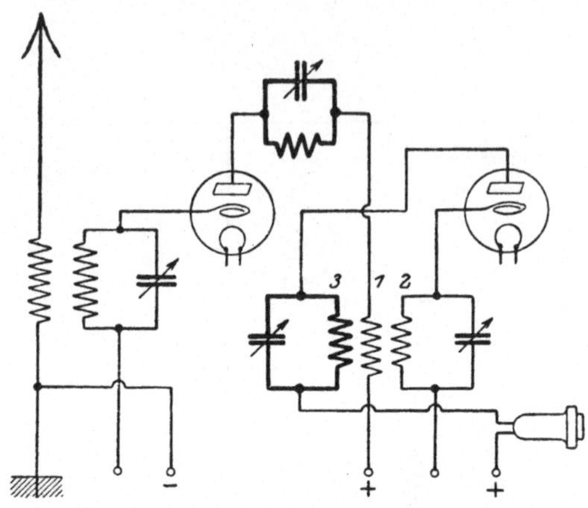

Abb. 84. Zwei-Röhren-Empfänger. Sperrkreis im Anodenkreis der ersten Röhre und abstimmbarer Rückkopplungskreis im Anodenkreis der zweiten Röhre.

Abb. 81. Diese Schaltung stellt auch einen Hochfrequenz-empfänger dar. Die zweite Röhre ist auf den Gitterkreis der ersten Röhre rückgekoppelt. Im Anodenkreis der ersten Röhre ist ein Sperrkreis eingebaut.

Abb. 82. Diese Schaltung ist der in Abb. 81 angegebenen ähnlich. Sie unterscheidet sich von derselben nur dadurch, daß der im Anodenkreis der zweiten Röhre liegende Rückkopplungskreis abstimmbar ist und auf das Gitter der ersten Röhre rückgekoppelt ist.

Abb. 83. Dieses Schaltbild zeigt einen aperiodischen Empfänger. Die im Anodenkreis der ersten Röhre liegende Spule ist abstimmbar. Die erste Röhre wirkt als Hochfrequenzverstärker.

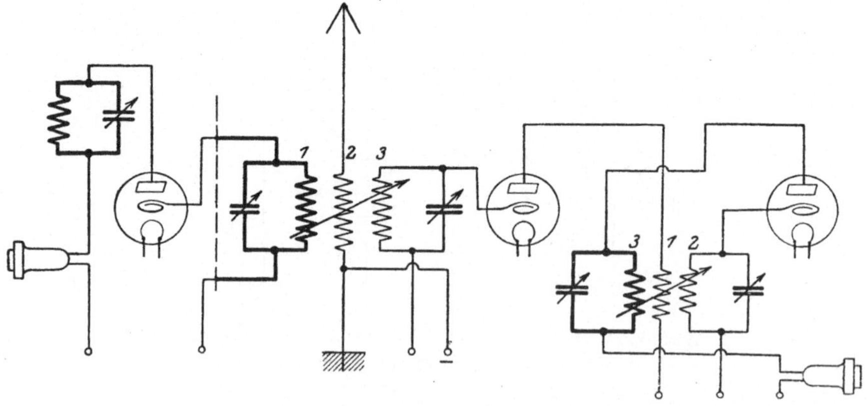

Abb. 85. Doppelempfänger mit Sperrkreisen.

Abb. 84. Ein Sperrkreis liegt bei dieser Schaltung im Anoden
kreis der ersten sowie zweiten Röhre. Die zweite Röhre ist auf
den Anodenkreis der ersten Röhre abstimmbar zurückgekoppelt.
Die Schaltung ist eine aperiodische Empfangsschaltung. Die
Gitterkreise der ersten und zweiten
Röhre sind abstimmbar. Die erste
Röhre wirkt als Vorröhre.

Abb. 85. Bei dieser Empfangsschaltung können zwei verschiedene
Empfänger von einer Antenne bedient
werden. Der Antennenkreis ist nicht
abstimmbar (15 Wdg.). Der Empfänger
links wird auf die örtliche Welle eingestellt und es werden hier die örtlichen Darbietungen abgehört. Der im
Anodenkreis dieser Anordnung liegende Sperrkreis dient zur besseren
Einstellung. Bei dem Empfänger rechts
wirkt die erste Röhre als Vorröhre
und Hochfrequenzverstärker. Der
Sperrkreis ist als abstimmbarer Rück-

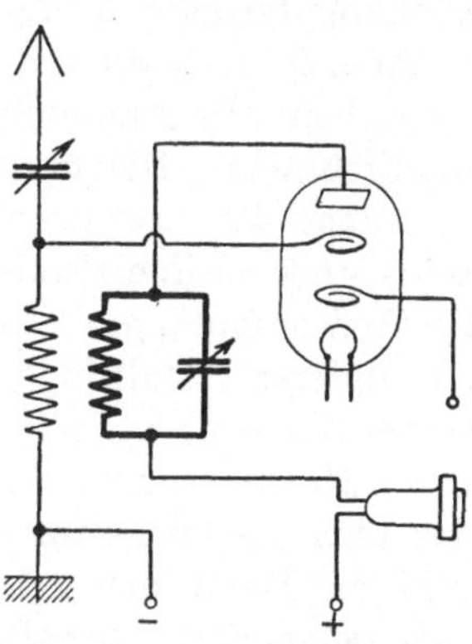

Abb. 86. Empfangsschaltung
mit Doppelgitterröhre. Abstimmbarer Rückkopplungs-
kreis.

kopplungskreis für die zweite Röhre durchgebildet. Die Bedienung ist einfach. Zuerst wird mit dem Empfänger links der
örtliche Sender empfangen, der die Welle aufsaugt, darauf der
Empfänger rechts auf die gewünschte Station eingestellt. Als

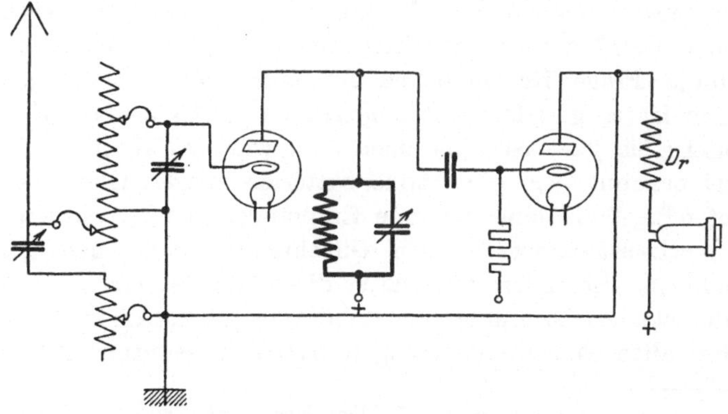

Abb. 87. Reinartzempfänger mit Sperrkreis.

Empfänger links kann auch ein Detektorempfänger verwendet werden[1]).

Abb. 86. Dieses Schaltbild stellt eine Schaltung mit einer Doppelgitterröhre dar. Im Anodenkreis liegt der abstimmbare Rückkopplungskreis, der als Sperrkreis wirkt.

Abb. 87. In diesem Schaltbild ist der Reinartz-Empfänger angegeben. Im Anodenkreis der ersten Röhre ist ein Sperrkreis untergebracht. Die Spule D_r ist eine Drosselspule.

Außer den erwähnten Schaltungen gibt es noch eine ganze Reihe weiterer Sperrkreisschaltungen. So ist z. B. auch möglich, den Reflexempfänger mit Sperrkreisen zu versehen, wie auch in alle anderen Schaltungsmöglichkeiten Sperrkreise untergebracht werden können, wie sie in den bekannten Büchern von Treyse und Lübben zu finden sind. Auf diese Schaltungen soll jedoch hier nicht mehr weiter eingegangen werden. Die Leser werden wohl an Hand der gebotenen Schaltbilder in der Lage sein, auch bei anderen Schaltschemen Sperrkreise einzubauen.

5. Sperrkreise und Kettenleiter in Gleichrichteranlagen.

Ein Gebiet, in welchem die Kettenleiter und Sperrkreise ebenfalls eine große Rolle spielen, dem Radiowesen nahe liegt und für den Amateur von Bedeutung ist, sind die Gleichrichteranlagen. Sie dienen bekanntlich dazu, um Wechselstrom in Gleichstrom umzuwandeln, teils um Akkumulatoren zu laden, teils um die Empfangsröhren zu heizen, teils um den Anodenstrom daraus zu gewinnen. Da die Ortsnetze meist mit Wechselstrom von 50 Perioden gespeist werden, anstatt mit Gleichstrom, ist diese Frage für manchen Amateur von Bedeutung. Im übrigen ist es gerade nicht angenehm mit Anodenbatterien zu arbeiten; bis jetzt ist aber noch kein weiteres absolut sicheres Mittel bekannt, wie die Anodenbatterien ausgeschaltet werden könnten[2]). Wohl sind einzelne Empfänger gebaut worden, die aus Wechselstromnetzen über Gleichrichter den Anodenstrom entnehmen. Bei allen Apparaten dieser Art ist ein mehr oder minder starkes Brummen im Anhörapparat wahrzunehmen.

Bei allen Gleichrichteranlagen treten im Rhythmus der Pe-

---

[1]) Vgl. Bemerkungen Seite 57. Der Kreis links wirkt als Saugkreis.
[2]) Bei Doppelgitterröhren ist die Anodenspannung sehr klein.

riodenzahl des gleichgerichteten Wechselstromes Schwankungen im Gleichstromnetz auf, die nicht erwünscht sind und zu Störungen Anlaß geben. Um dieselben auszugleichen und nach Möglichkeit zu unterdrücken, werden Sperrkreise und Kettenleiter eingebaut. Sie bestehen entweder aus Spulen und Kondensatoren, oder aus Kondensatoren allein. Allgemein heißen diese Kreise in Gleichrichteranlagen Siebkreise.

Die einfachste Anordnung, um Schwankungen bis zu einem gewissen Grade auszugleichen, besteht darin, daß man bei 50 Perioden Wechselstrom einen Kondensator von ca. 5 bis 15 μ F Kapazität zwischen $+$- und $-$-Klemme des gleichgerichteten Wechselstromes schaltet. Durch diese Anordnung werden die Schwankungen klein, verschwinden jedoch nicht vollständig.

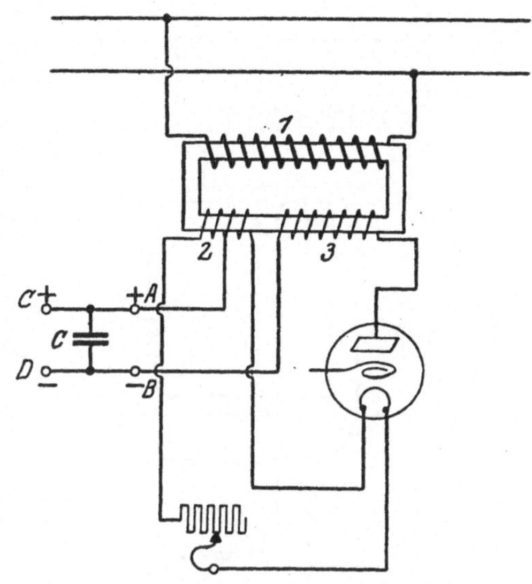

Abb. 88. Halbweggleichrichter mit Kondensator zur Unterdrückung der Schwankungen.

Das Schaltbild dieser Anordnung ist in Abb. 88 für einen Halbweggleichrichter dargestellt. Als Gleichrichter wird eine Glühkathodenröhre verwendet, die kein Gitter enthält — also eine sogenannte Wehneltröhre. Selbstverständlich kann auch jede Empfangsröhre verwendet werden, wenn Gitter und Anode miteinander verbunden werden. Nur haben sie den Nachteil, daß ihnen sehr wenig gleichgerichteter Strom entnommen werden kann. Die Heizung dieser Gleichrichterröhren erfolgt ebenfalls durch Wechselstrom. Man wird daher als Transformator stets einen Spezialtransformator verwenden, der drei verschiedene Spulen besitzt, die primäre Spule 1 und die beiden sekundären Spulen 2 und 3. Die Spule 2 dient zur Heizung, der Spule 3 wird der gleichgerichtete Strom entnommen. Die Spule 1 ist an das Wechselstromnetz angeschlossen und besitzt eine dieser Spannung entsprechende Windungszahl. Die Heizspannung besitzt eine solche Größe, wie sie zur Heizung der Röhre notwendig ist. Die dritte Spule ist für eine solche Spannung zu bemessen, die gleichgerichtet werden soll. Angaben für einen Transformator zu machen, ist hier nicht angängig. Es hängt dies von den verwendeten Röhren und der Höhe der gleichzurichtenden Spannung ab, die alle verschieden sind.

Vorteilhaft wird die Heizspule in der Mitte angezapft. Von dieser Klemme wird der +-Strom entnommen, während die — -Klemme des gleichgerichteten Stromes die eine freie Klemme der dritten Spule darstellt. Die Heizspule wird aus dem Grunde in der Mitte angezapft, damit Ungleichmäßigkeiten vermieden werden.

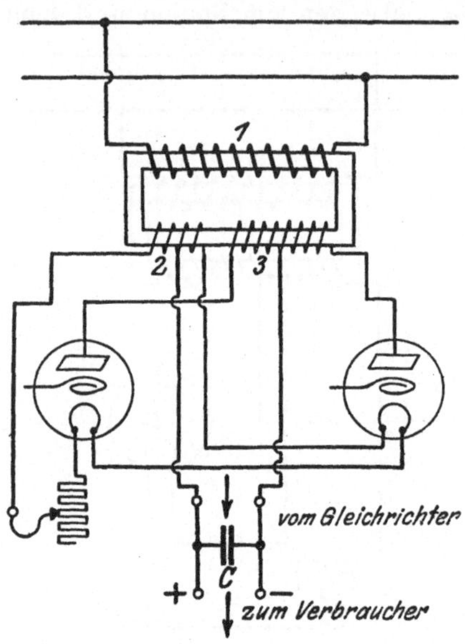

Abb. 89. Vollweggleichrichter mit Kondensator zur Unterdrückung der Schwankungen.

In Abb. 89 ist das Schaltbild eines Vollweggleichrichters angegeben. Die Heizfäden beider Röhren sind hintereinander geschaltet. Der +-Strom wird wieder der Mitte der Heizspule entnommen, während der — -Strom der Mitte der Anodenspule

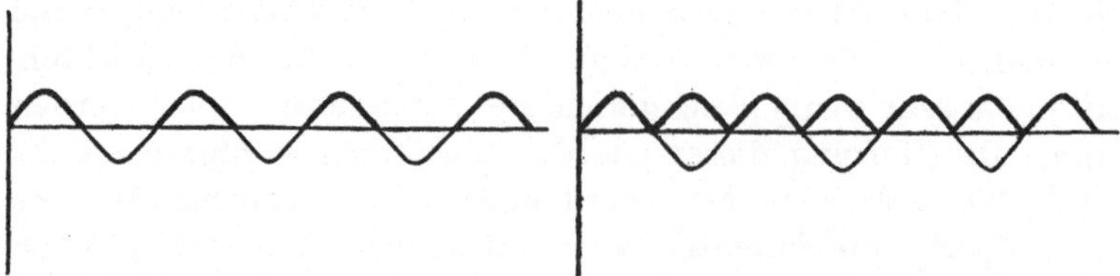

Abb. 90. Stromverlauf des gleichgerichteten Stomes bei Halbweggleichrichtern ohne Siebkreis.

Abb. 91. Stromverlauf des gleichgerichteten Stromes bei Vollweggleichrichtern ohne Siebkreis.

entnommen wird. Der Kondensator C bei dieser Schaltung hat ebenfalls eine Größe von ca. 5 bis 15 μF Kapazität.

Der Unterschied zwischen Halbweg- und Vollweggleichrichtern besteht darin, daß bei dem Vollweggleichrichter beide Wechselstromhälften ausgenutzt werden, während beim Halbweggleichrichter nur eine halbe Periode zur Wirkung kommt. In den Abb. 90 und 91 ist dies schematisch dargestellt.

In Abb. 92 ist auch eine sehr einfache Anordnung wiedergegeben, die geeignet ist, auf einfache Art und Weise Stromschwankungen bei Gleichrichtern zu unterdrücken. Der Kon-

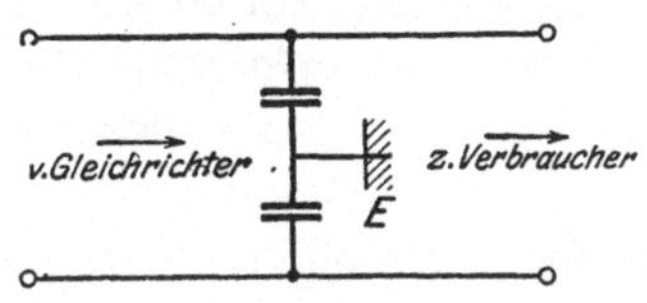

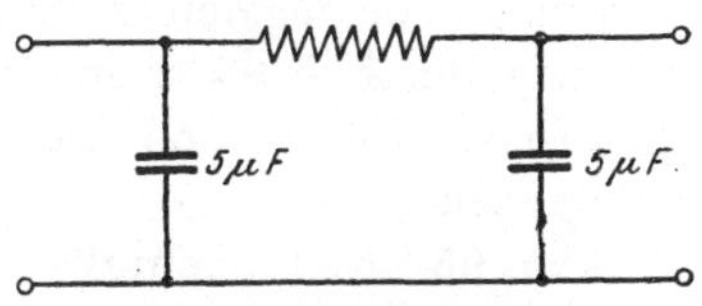

<table>
<tr><td>Abb. 92. Unterteilter Kondensator in der Mitte geerdet.</td><td>Abb. 93. Drosselkette zur Schwankungsverminderung.</td></tr>
</table>

densator besteht aus zwei hintereinander geschalteten Kondensatoren von je 15 bis 30 μF Kapazität. Der Mittelpunkt ist geerdet.

Nach den bis jetzt angegebenen einfachen Schaltungen zeigte der gleichgerichtete Wechselstrom immer noch kleinere Schwankungen. Dieselben sind durch Kondensatoren nicht vollständig herauszubringen. Um die Stromschwankungen noch weiter zu unterdrücken, müssen Drosselketten und Sperrkreise eingebaut werden. Mittels dieser Schaltungen, die zum Teil ziemlich kompliziert sind, ist es möglich, einen Gleichstrom zu erhalten, bei dem die Stromschwankungen kaum mehr im Telephon wahrgenommen werden. Allerdings muß erwähnt werden, daß der Aufbau solcher Anordnungen eine große Auswahl von Instrumenten und Apparaten erfordert, so daß es nur dem einen oder anderen möglich sein wird, solche Schaltungen zusammenzustellen, denn die Apparate kosten die nötigen Zechinen, und daran fehlt es manchem Radiofreund.

In Abb. 93 ist eine einfache Drosselkette dargestellt, die schon sehr gut dazu geeignet ist, Stromschwankungen fast vollständig zu unterdrücken. Bei 50 Perioden Wechselstrom (Vollweggleichrichter) wird man vorteilhaft folgende Werte zugrunde legen. Jeder Kondensator hat eine Kapazität von 5 μF, die am besten veränderlich gewählt werden, und die Spule besitzt einen Selbstinduktionskoeffizienten von 0,25 Henry. Der Wider-

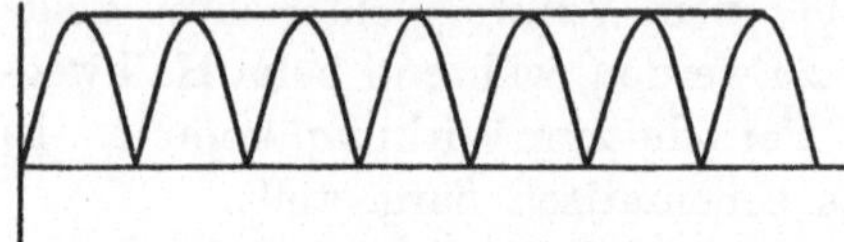

Abb. 94. Vollweggleichrichtung mit ausgeglichenen Schwankungen.

stand der Spule ist möglichst klein zu halten. Für den Halbweggleichrichter wählt man am besten: Kondensator 5 μF und Spule 1 Henry. Das aufgenommene Bild der Gleichstromspannung (Vollweggleichrichter) mit Drosselkette hat einen Verlauf, wie ihn Abb. 94 wiedergibt. Die Aufnahme erfolgte mittels Braunscher Röhre und Beobachtung der Ablenkung des Lumineszenzfleckes.

Abb. 95 stellt ebenfalls eine einfache Drosselkette dar, die Schwankungen ausgleicht. Sie unterscheidet sich von der voran-

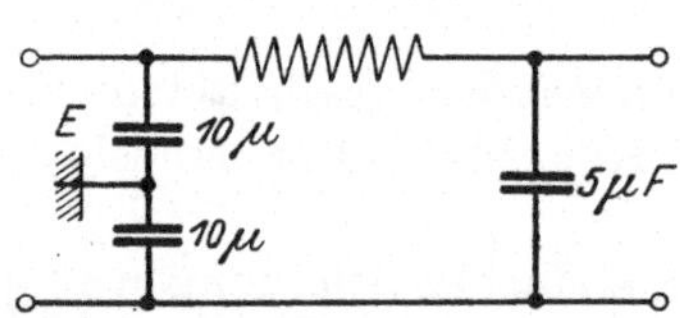

Abb. 95. Drosselkette zur Schwankungsverminderung. Ein Kondensator unterteilt, in der Mitte geerdet.

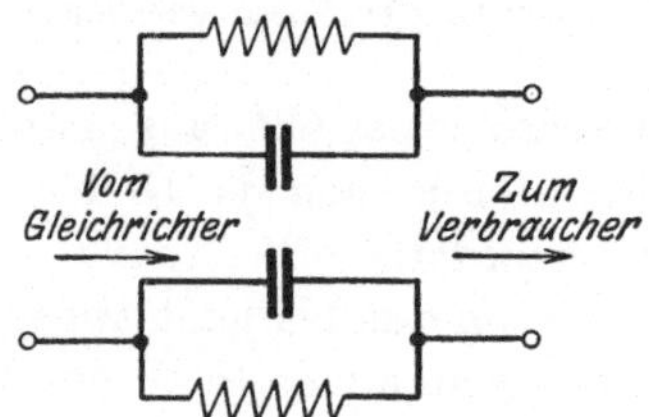

Abb. 96. Sperrkreis in Gleichrichteranlagen.

gehenden Schaltung nur dadurch, daß der erte Kondensator aus zwei hintereinander geschalteten Kondensatoren besteht, die in der Mitte geerdet sind. Die Größen bleiben dieselben.

Bessere Wirkungen lassen sich dadurch erreichen, daß Sperrkreise eingebaut werden. Abb. 96 zeigt das Schaltbild mit einem Sperrkreis. Der Sperrkreis ist bei Halbweggleichrichtern nach folgender Gleichung zu berechnen:

$$\omega = \frac{1}{\sqrt{L \cdot C}}$$

und bei Vollweggleichrichtern nach:

$$\omega = \frac{1}{2\sqrt{L \cdot C}}.$$

Die Wahl von L und C steht frei. Mit Rücksicht darauf, daß der Spulenwiderstand klein bleiben soll, wird auch die Selbstinduktion klein bleiben. Die Kapazität wird man möglichst groß wählen. Dies wird aus dem Grund ausgeführt, um in der Spule unnötige Energieverluste bei Gleichstrom zu vermeiden. In der Praxis wählt man am günstigsten bei 50 Perioden Wechselstrom

Vollweggleichrichter: $C = 10\,\mu\mathrm{F}$, $L = 0{,}253$ Henry;

Halbweggleichrichter: $C = 10\,\mu\mathrm{F}$, $L = 1{,}02$ Henry.

Das in Abb. 96 angegebene Schaltbild wird gewählt, wenn es sich um gleichzurichtenden sinusförmigen Wechselstrom handelt. Passiert ein gleichgerichteter Wechselstrom beliebiger Kurvenform ein solches Gebilde, so wird nur dem Wechselstrom ein hoher Widerstand entgegengesetzt, dessen Periodenzahl mit der Eigenperiodenzahl des Sperrkreises zusammenfällt. Die höheren harmonischen werden alle durchgelassen.

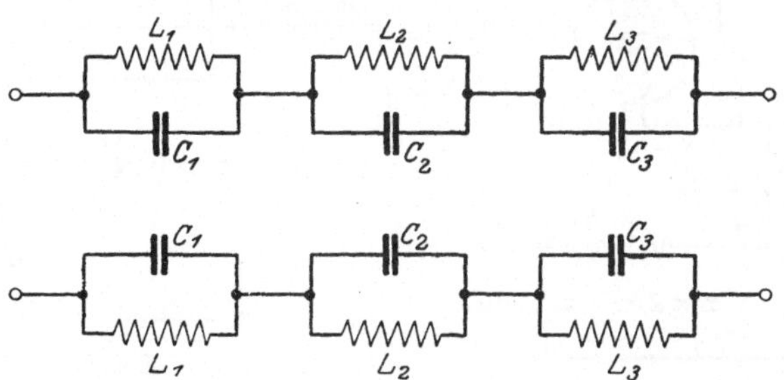

Abb. 97. Mehrgliedrige Sperrkette in Gleichrichteranlagen.

Abb. 97 stellt eine Sperrkreisanordnung für den Fall dar, daß der Wechselstrom nicht sinusförmig verläuft, sondern verschiedene Oberwellen enthält. Die Anordnung enthält mehrere Sperrkreise in Hintereinanderschaltung, die auf verschiedene Periodenzahlen abgestimmt. Die Berechnung erfolgt nach folgender Gleichung:

$$\varkappa \cdot \omega \cdot L = 1/\varkappa \cdot \omega \cdot C.$$

Die in der Abbildung dargestellte Anordnung gilt für 50 Perioden Wechselstrom, der im Vollweggleichrichter gleichgerichtet wird. Es werden die Grundwelle, die dritte und fünfte

Oberwelle unterdrückt, wenn für die Spulen und Kondensatoren folgende Werte gewählt werden:

$$C_1 = 10{,}00 \ \mu\text{F} \qquad L_1 = 0{,}353 \ \text{Henry}$$
$$C_2 = 1{,}05 \ \mu\text{F} \qquad L_2 = 0{,}295 \ \text{Henry}$$
$$C_3 = 1{,}00 \ \mu\text{F} \qquad L_3 = 0{,}1 \ \text{Henry}.$$

Abb. 98 gibt ein Schaltbild für einen Gleichrichter mit Kettenleiter. Das Schaltbild ist der Anordnung Abb. 93 ähnlich. Als Gleichrichter wird eine kleine Glühkathodenröhre verwendet. Hierzu eignen sich in sehr gutem Maße: Huthlampen LE 221 oder Philippslampen Z 1.

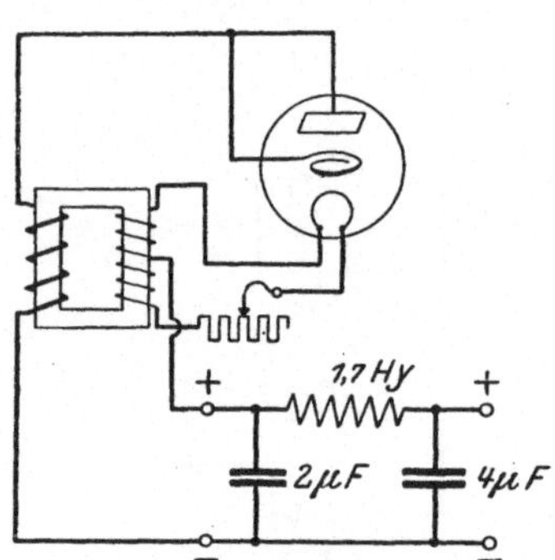

Abb. 98. Drosselkette in Gleichrichteranlagen. Halbweggleichrichter.

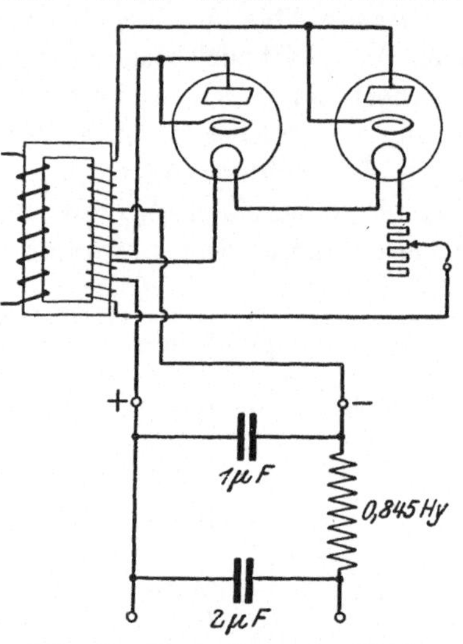

Abb. 99. Drosselkette in Gleichrichteranlagen. Vollweggleichrichter.

Der in Abb. 98 dargestellte Gleichrichter ist ein Halbweggleichrichter für gleichzurichtenden 50-Perioden-Wechselstrom. Die Werte für Kapazität und Selbstinduktion sind der Abbildung beigeschrieben. Zu Abb. 99 ist dieselbe Anordnung für einen Vollweggleichrichter angegeben.

Die Schaltungen nach Abb. 98 und 99 kann man unter Verwendung obiger genannter Röhren vorteilhaft dazu verwenden, den Anodenstrom eines Empfängers aus der Wechselstromlichtleitung zu beziehen.

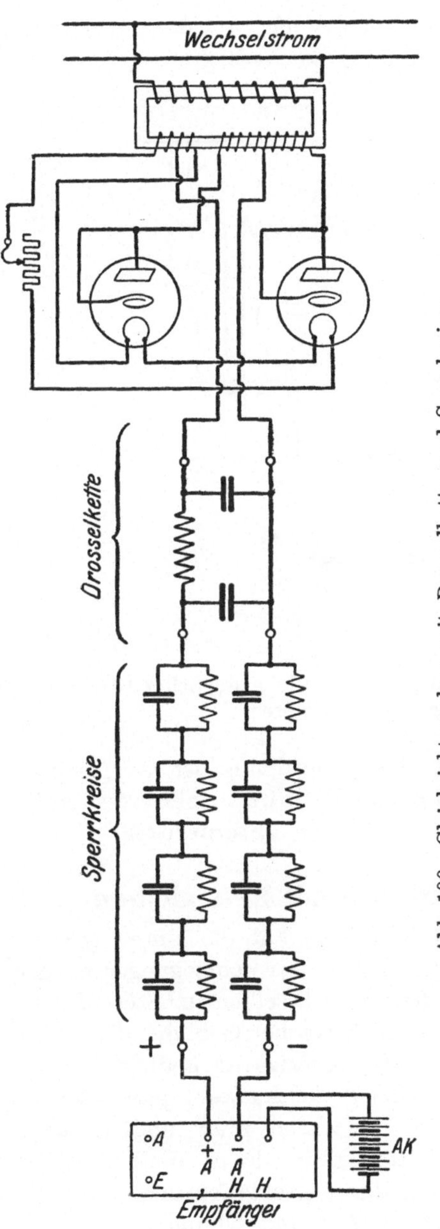

Abb. 100. Gleichrichteranlage mit Drosselkette und Sperrkreisen.

In Abb. 100 ist ein Schaltbild angegeben, das der Verfasser vereinzelt bei seinen Empfangsversuchen benutzt, um den Anodenstrom aus dem Wechselstromnetz zu gewinnen. Das Schaltbild ist ziemlich umständlich, die Anordnung enthält Drosselketten und Sperrkreise. Die Wechselstromgeräusche sind soweit unterdrückt, daß im Telephon kaum ein Brummen wahrgenommen wird. Die Heizung der Gleichrichterröhren erfolgt ebenfalls mittels Wechselstrom.

Abb. 101 stellt einen Gleichrichter dar, der dazu geeignet ist, die doppelte Gleichstromspannung zu entnehmen. Auch hier

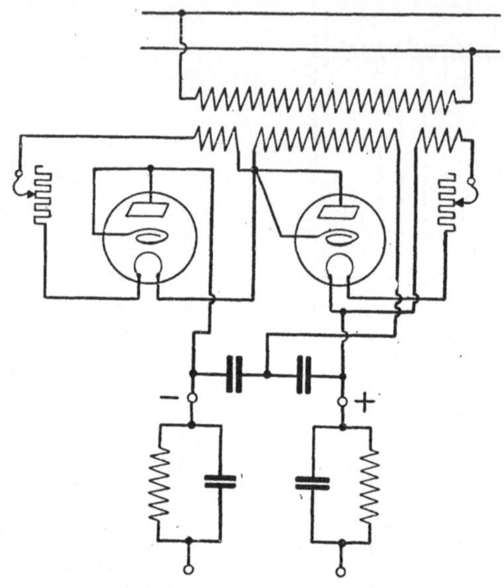

Abb. 101. Gleichrichteranlage zur Erzielung doppelter Gleich-
spannung mit Sperrkreisen.

sind Siebketten eingebaut. Die Anordnung ist so getroffen, daß die Grundfrequenz abgedrosselt wird. Selbstverständlich ist es auch möglich die Oberwellen zu unterdrücken.

6. Empfangsschaltungen mit Kettenleitern.

Im folgenden Abschnitt soll kurz auf die Empfangsschaltungen mit Verwendung von Kettenleitern eingegangen werden. Allgemein kann gesagt werden, daß dieselben zur Störbefreiung nur selten Anwendung finden. Einfache Gebilde dieser Art sind meist nicht wirksam genug, andererseits bedingt das Arbeiten mittels Kettenleitern eine große Auswahl passender Apparate, die der Experimentator besitzen muß und die anzuschaffen sich nicht jeder leisten kann, da es an den nötigen Mitteln fehlt. Die Einstellung der Kettenleiter und deren Bedienung erfordert große Geduld, Zeit und Übung.

Was die Leistungsfähigkeit anbelangt, so kann gesagt werden, daß einfache Anordnungen, wie schon erwähnt, meist nic
wirksam genug sind. Daher müssen mehrgliedrige Anordnungen
und komplizierte Gebilde verwendet werden. Manche Störwellen lassen sich sehr leicht beseitigen, manche
fast gar nicht. Befinden sich in der Nähe der
Antennenanlage Elektromotoren in Betrieb und
verursachen dieselben Störgeräusche, so lassen
sich dieselben durch Kettenleiter auch gut beseitigen. Nachstehend nun zu den Schaltbildern.

Abb. 102 gibt ein sehr einfaches Schaltbild
an. Dieser Filterkreis ist in den Antennenkreis
eingebaut und der Empfänger direkt angekoppelt. An dieser Stelle wird ausdrücklich darauf
aufmerksam gemacht, daß diese Schaltanordnung
keinen Kettenleiter oder Sperrkreis im eigentlichen Sinne des Wortes darstellt, sondern einen
sogenannten Kurzschlußkreis[1]). Spule und Kondensator sind hintereinandergeschaltet. Die Anordnung beruht auf der Erscheinung der Spannungsresonanz und setzt den Eigenwellen einen

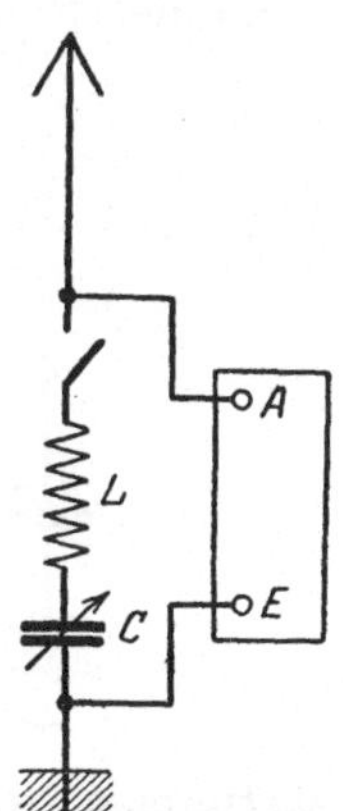

Abb. 102. Der
Kurzschlußkreis
als Wellenfilter.

sehr kleinen Widerstand entgegen, während die übrigen Wellen
fast nicht durch die Anordnung hindurchgelassen werden. Vorteilhaft wählt man für den Rundfunkverkehr eine Honigwabenspule mit 35 bzw. 50 Windungen und einen Drehkondensator
mit 1000 Kapazität. Der Kondensator besitzt vorteilhaft wieder Feinabstimmung. Eine Induktionswirkung zwischen Filter-
kreisspule und Empfängerspule ist bei diesen Schaltungen ebenfalls sorgfältig zu vermeiden.

Die Bedienung eines solchen Apparates ist einfach. Die
Anordnung L, C muß so abgestimmt werden, daß sie für den
örtlichen Sender einen sehr niederen Scheinwiderstand besitzt,
damit die Störwellen in der Hauptsache durch den Filterkreis
nach der Erde abfließen. Der Empfänger wird auf die eigent-
lich zu empfangende Station abgestimmt.

---

[1]) Wenn die Kurzschlußkreise an dieser Stelle besprochen werden,
trotzdem sie nicht hierher gehören, so geschieht dies mit Rücksicht
darauf, daß sie sich an andrer Stelle nicht gut behandeln ließen.

Abb. 103 gibt ebenfalls einen sehr einfachen Wellenfilter an, der die Wirkung eines Kurzschlußkreises besitzt. Die Antennenspule ist angezapft und über einen zweiten Kondensator geerdet. Um die Störwelle unwirksam zu machen, ist der Kreis Antenne, Spule, Kondensator C_2, Erde auf die Störwelle ab-

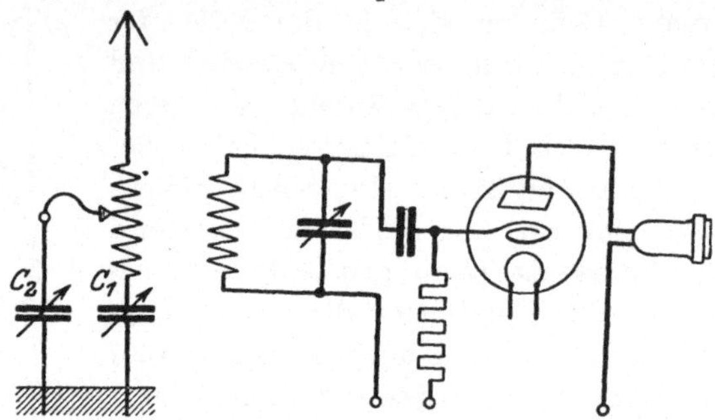

Abb. 103. Der Kurzschlußkreis als Wellenfilter.

zustimmen, während der Kreis Antenne, Spule, Kondensator C_1, Erde auf die eigentliche zu empfangende Welle abzustimmen ist. Die Störwelle gleicht sich durch den erstgenannten Kreis aus. Durch induktive Kopplung und nochmalige Abstimmung des Gitterkreises wird nach dieser Methode durch einfache Mittel ein guter Empfang erreicht.

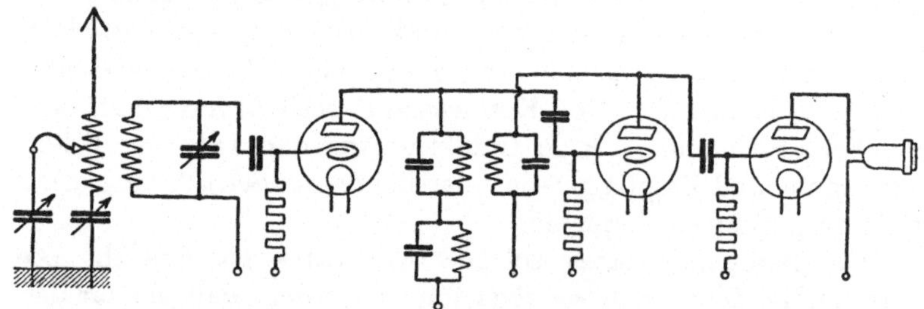

Abb. 104. Empfangsschaltung mit Kurzschlußkreis und Sperrkreis.[1]

Ein weiteres ähnliches Schaltbild dieser Art ist in Abb. 104 dargestellt. In dem eigentlichen Empfänger ist nochmals ein Sperrkreis untergebracht, der im Anodenkreis der ersten Röhre liegt; der Anodenkreis der zweiten Röhre ist auf den der ersten Röhre abstimmbar rückgekoppelt.

[1] Die Kondensatoren in den Sperrkreisen sind abstimmbar.

Abb. 105[1]). Bei diesem Schaltbild ist ein mehrgliedriger Kettenleiter in den Antennenkreis eingebaut und der Empfänger induktiv angekoppelt. Der Kettenleiter wird so abgeglichen, daß die Störwellen nicht hindurch gelassen werden, während er für die Empfangswelle einen bequemen Leiter darstellen muß. Der Aufbau ist ziemlich einfach. Schiebespulen und Drehkondensatoren zum genauen Einstellen. Die Schaltung dieser Figur ist bekannt unter dem Namen Marconi-X-Stopper. Dem Schaltbild nach stellt die angegebene Schaltung eine Kondensatorkette dar.

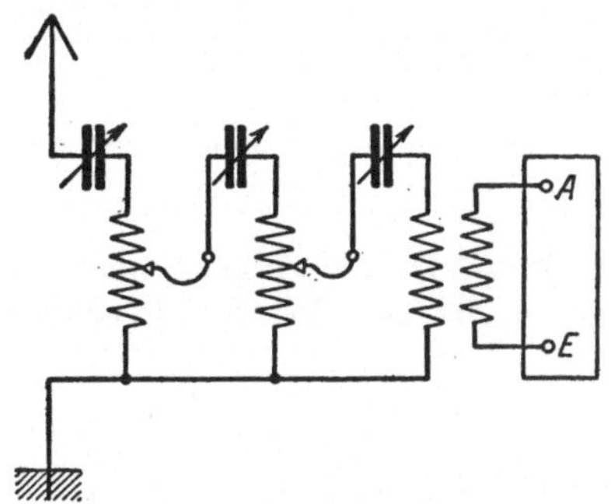

Abb. 105. Kondensatorkette im	Abb. 106. Kondensatorkette im
Antennenkreis.	Antennenkreis.

Abb. 106. Diese Schaltung stellt ebenfalls eine Kondensatorkette dar. Sie unterscheidet sich nur insofern von der Schaltung Abb. 105, daß die Spulen nicht stetig in ihrer Selbstinduktion veränderlich sind, sondern feste Induktivität besitzen. Der Empfänger, wozu sich jeder eignet, ist direkt angekoppelt.

Abb. 107. In diesem Schaltbild ist eine Spulenkette dargestellt, die im Antennenkreis einer Empfangsanlage angeordnet ist. Schaltungen dieser Art sind nur mit größter Vorsicht einzubauen[2]).

Abb. 108. In diesem Schaltbild ist eine Siebkette eingebaut, um Störwellen zu beseitigen. Die Siebkette ist in dieser Schal-

---

[1]) Bei den nun folgenden Schaltbildern werden die technischen Angaben fehlen, da die Werte sehr schwankend sind und von Fall zu Fall auszuprobieren sind.

[2]) Gemeint sind Empfangsschaltungen mit nur Spulen oder Kondensatorketten.

tung im Antennenkreis angeordnet. Spule I und II sind Honig-
wabenspulen mit 35 bzw. 50 Windungen, der Drehkondensator

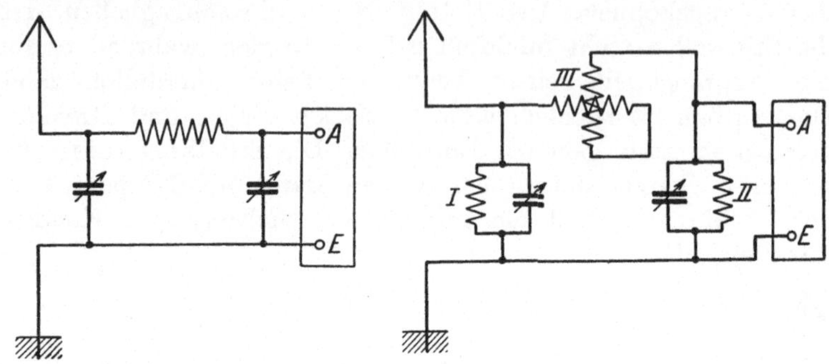

Abb. 107. Drosselkette im
Antennenkreis.

Abb. 108. Siebkette im Antennenkreis.

ein solcher mit 1000 cm und die Spule III ein Kugelvariometer
der Ausführung, wie sie im Handel für den Rundfunkverkehr
üblich sind.

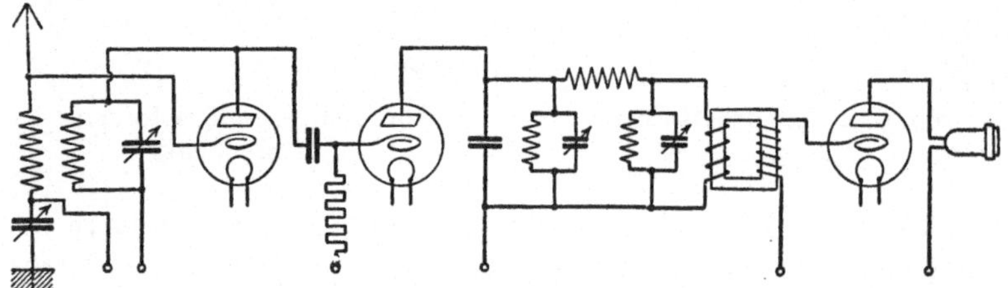

Abb. 109. Empfänger mit abgestimmter Rückkopplung und Siebkette
vor dem Niederfrequenzverstärker.

Dem Aufbau nach ist die Anordnung einfach. Die Schwierig-
keit liegt nur in der Bedienung und der damit verbundenen
Einstellung. Sie ist umständlich und zeitraubend und muß durch
Ausprobieren ermittelt werden.

Abb. 109. Diese Schaltung enthält eine Siebkette und einen
Sperrkreis. Der Sperrkreis liegt im Anodenkreis der ersten
Röhre, da die Rückkopplungsspule abstimmbar ausgeführt ist.
Die Siebkette ist im Anodenkreis der zweiten Röhre untergebracht und liegt vor der Primärwicklung des Niederfrequenz-
verstärkers, die Abmessungen für Spulen und Kondensatoren
sind von denen der Abb. 108 verschieden.

Abb. 110. Diese Schaltung enthält ebenfalls Sperrkreise und eine Siebkette. Die Sperrkreise sind im Gitterkreis der Röhre angeordnet. Eine Abstimmung auf die eigentliche Empfangswelle erfolgt vor und nach den Sperrkreisen. Der Siebkreis liegt vor dem Telephon.

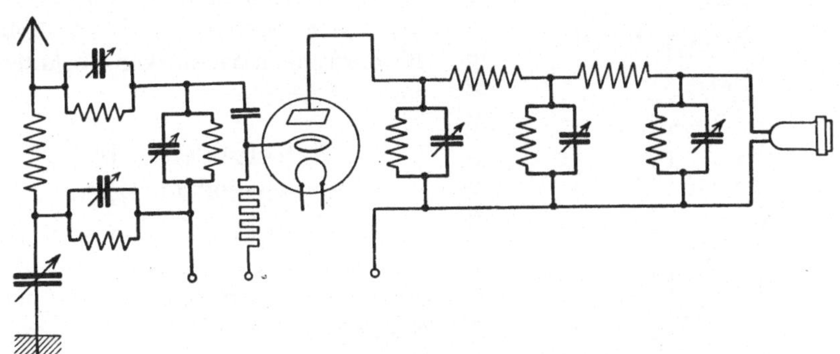

Abb. 110. Sperrkreis im Gitterkreis der Röhre und Siebkette vor dem Telephon.

Abb. 111. Bei dieser Schaltung ist ein Wellenschlucker vor dem Gitter der Röhre angeordnet. Nach dieser Anordnung

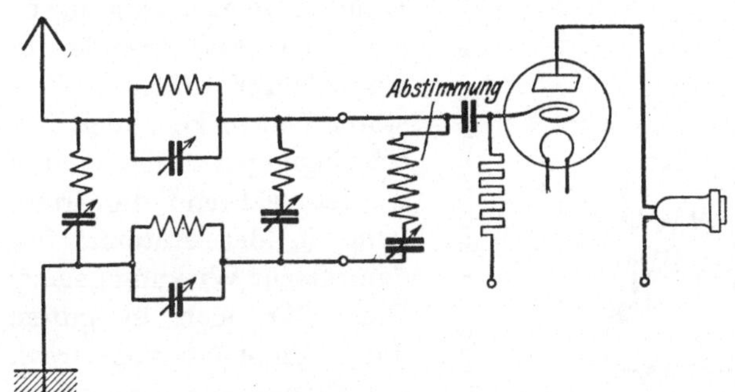

Abb. 111. Wellenschlucker im Antennenkreis.

lassen sich die besten Wirkungen in Bezug auf die Ausschaltung der Ortsender erreichen. Durch die beiden Kurzschlußkreise und die beiden Sperrkreise können die Störwellen vom Empfänger gut ferngehalten werden.

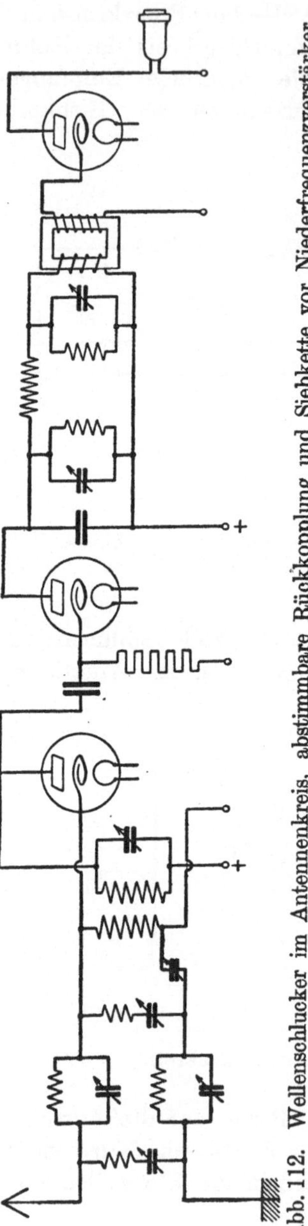

Abb. 112. Wellenschlucker im Antennenkreis, abstimmbare Rückkopplung und Siebkette vor Niederfrequenzverstärker.

Abb. 112. Diese Anordnung enthält einen Wellenschlucker, einen Sperrkreis und einen Siebkreis. Der Wellenschlucker ist im Antennenkreis eingebaut, der Rückkopplungskreis ist abstimmbar und wirkt daher als Sperrkreis, und vor dem Niederfrequenzverstärker befindet sich die Siebkette.

7. Kettenleiter in Sendeschaltanlagen.

Der Vollständigkeit wegen sei im folgenden auch kurz auf die Anwendung der Kettenleiter und Sperrkreise bei Sendeschaltanlagen eingegangen. Hier kommt diesen Gebilden ebenfalls eine ziemlich große Bedeutung zu.

Bei den Sendern für ungedämpfte Schwingungen treten neben der Grundschwingung noch die sogenannten Oberschwingungen auf. Da dieselben auf fremde Stationen wegen ihrer kräftigen Ausbildung störend einwirken, müssen die Oberschwingungen tunlichst unterdrückt werden, während die Grundschwingung in der Antenne fast ungedämpft zur Wirkung gelangen muß. Dies läßt sich in gutem Maße durch Einbauen von Drosselketten und Sperrkreise erreichen, die zwischen Sender und Antenne zu liegen kommen. Durch die genannten Gebilde können die Oberschwingungen gut unterdrückt werden.

In Abb. 113 ist ein Schaltbild mit einer Drosselkette im Antennenkreis dargestellt. Die Senderöhre ist nach der Methode der Zwischenkreisschaltung auf die Antenne geschaltet. Anstatt daß

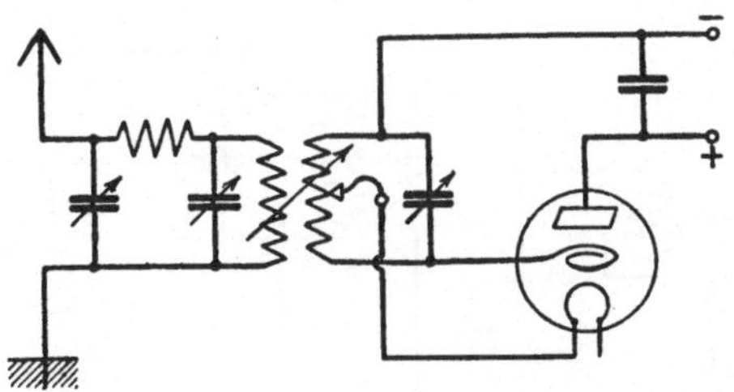

Abb. 113. Drosselkette im Antennenkreis bei Sendeschaltungen.

die Antenne direkt angeschlossen wird, führt die Leitung über eine Drosselkette.

Nach dem Schaltbild gemäß Abb. 114 kann nur eine bestimmte Oberwelle unterdrückt werden, wenn sie besonders stark ausgeprägt ist. Wie das Schaltbild zeigt, liegt nach dieser

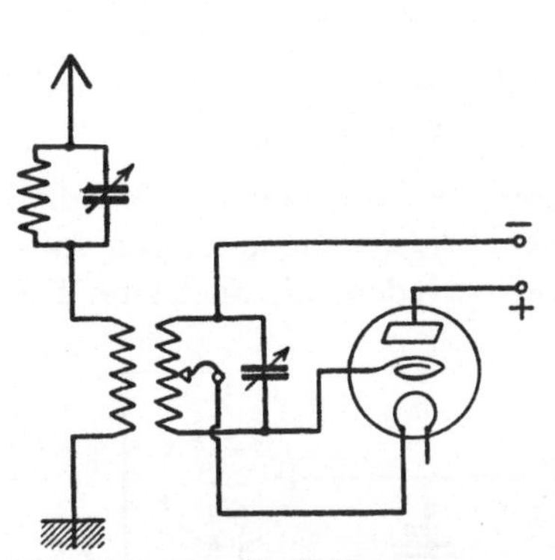

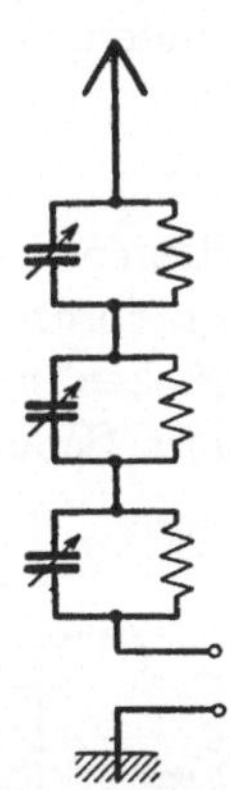

Abb. 114. Sperrkreis im Antennenkreis einer Sendeschaltung.

Abb. 115. Mehrgliedriger Sperrkreis im Antennenkreis bei Sendeschaltungen.

Anordnung im Antennenkreis ein Sperrkreis. In Abb. 115 ist ein Schaltbild angegeben, bei welchem im Antennenkreis mehrere Sperrkreise liegen. Dadurch ist es möglich, ganz bestimmte Oberwellen zu unterdrücken. In diesem Falle müssen die Sperrkreise auf die entsprechenden Oberwellen abgestimmt werden.

Abb. 116 gibt ein Schaltbild, bei welchem im Antennenkreis eine Siebkette angeordnet ist. Da die Siebkette nur für Wech-

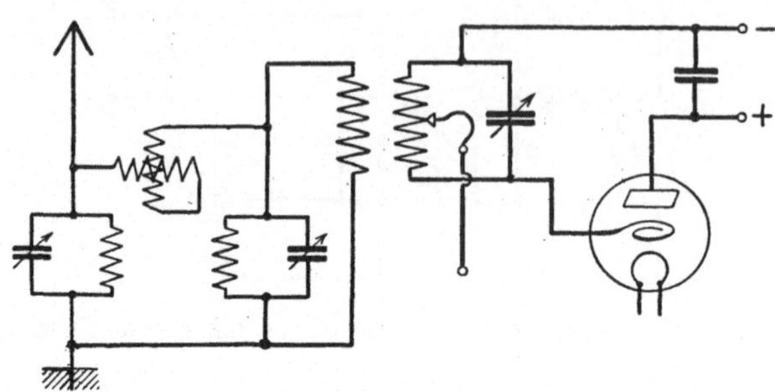

Abb. 116. Siebkette bei Sendeschaltungen.

selströme eines ganz bestimmten Spektrums durchlässig ist, kann sie in gutem Maße bei Sendeschaltungen für drahtlose Telephonie zur Unterdrückung von Oberschwingungen Verwendung finden.

8. Verschiedenes.

In vorliegendem wurden hauptsächlich die Sperrkreise und Kettenleiteranordnungen besprochen, die dazu dienen, Störwellen zu unterdrücken bzw. zu beseitigen. Nachstehend mögen kurz einige andere Schaltungen mitgeteilt werden, die auch zum Teil

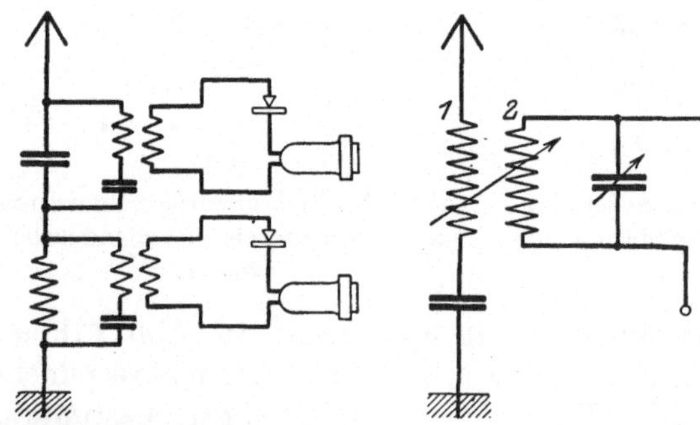

Abb. 117. Schaltung zur Störverminderung mittels kapazitiver bzw. induktiver Detektorankopplung.

Abb. 118. Lose Kopplung zwischen Primär- und Sekundärkreis.

gut geeignet sind, Störungen bis zu einem gewissem Maße zu unterdrücken.

Um sich von kleineren Störwellen als die Empfangswelle zu befreien, kann man die kapazitive Empfängerkopplung anwenden und um sich von langen Störwellen zu befreien die direkt induktive Empfängerkopplung. Abb. 117 gibt die entsprechenden Schaltanordnungen.

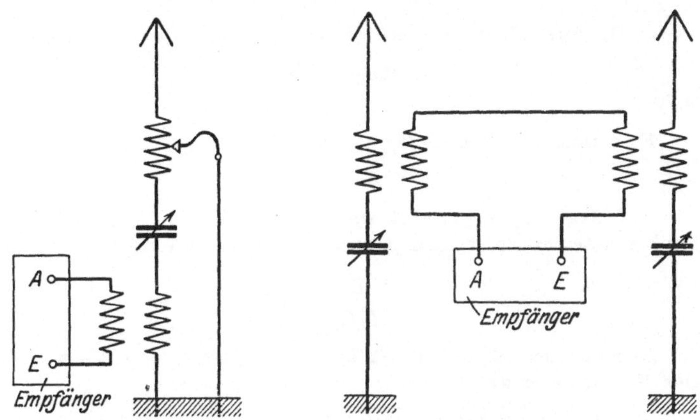

Abb. 119. Empfängererdung im Indifferenzpunkt. Abb. 120. Empfang mittels zweier Antennen.

Um sich vor atmospärischen Einflüssen zu schützen, ist eine möglichst lose Kopplung von Vorteil. Spule 1 und 2 sind lose aufeinander zu koppeln. Vgl. Abb. 118. Durch Erdung des Empfängers im Indifferenzpunkt und durch die Nullpunktschaltung lassen sich auch in gutem Maße atmosphärische Störungen vermeiden. Teilweise gelingt es dadurch auch die Einwirkung der in der Nähe der Antenne sich befindlichen Starkstromleitung unschädlich zu machen. Abb. 119[1]) und 120 geben solche Anordnungen.

---

[1]) Diese Schaltung ist im Prinzip dieselbe wie Abb. 103.

Erklärungen zur Rechentafel[1]).

I. Multiplikation und Division gewöhnlicher Zahlen.

1. Multiplikation.

$$Z_1 \cdot Z_2 = Z.$$

Es werden die Skalen Z_1, Z_2 und Z benötigt. Zahlenbeispiel.

$$4 \cdot 14 = 56.$$

Auf Skala Z_1 die Zahl 4 suchen, auf Skala Z_2 die Zahl 14, beide Punkte miteinander verbinden und auf der Skala Z die Zahl 56 ablesen.

2. Division.

$$Z/Z_1 = Z_2.$$

Hier werden dieselben Skalen, wie unter 1 angegeben, benötigt. Der Gebrauch ist aus dem Zahlenbeispiel ersichtlich.

$$315/15 = 21.$$

Auf der Skala Z die Zahl 315 suchen, auf Skala Z_1 die Zahl 15, beide Punkte verbinden und in der Verlängerung auf Skala Z_2 die Zahl 21 ablesen.

3. Berechnung von $\cos(\varphi)$ bei Einphasenwechselstrom.

$$\cos(\varphi) = W/E \cdot I.$$

Zur Auswertung werden auch hier dieselben Skalen wie bei 1 gebraucht. Das Zahlenbeispiel erläutert den Gebrauch.

$$\cos(\varphi) = 75/3 \cdot 50 = 0{,}5.$$

Auf Skala Z, den Wert 3 mit dem Wert 50 auf Skala Z_2 verbinden und auf Skala Z den Wert 150 ablesen. Dieser Wert ist auf die Skala Z_1 zu übertragen und der Punkt 150 auf Skala Z_1 mit Punkt 75 aus Skala Z zu verbinden. Auf Z_2 ist der Wert 0,5 abzulesen.

II. Berechnung des Scheinwiderstandes und der Phasenverschiebung aus Wirk- und Blindwiderständen.

$$z = \sqrt{r^2 + (\omega L)^2} \qquad\qquad \operatorname{tg}(\varphi) = \omega L/r.$$

---

[1]) Auf die mathematische Theorie ist nicht eingegangen. Sie wird als bekannt vorausgesetzt. Es wird lediglich an Hand von Beispielen der Gebrauch der Tafel gezeigt.

Zur Auswertung werden die Skalen B, $A(Z_1)$, $n = \operatorname{ctg}^2(\varphi)$, φ benötigt. Das Zahlenbeispiel erläutert den Gebrauch.

$$z = \sqrt{3^2 + 4^2} = 5$$

$$\operatorname{tg}(\varphi) = 4/3 = 1{,}33 \qquad \varphi = 53{,}2^0.$$

Punkt 3 auf Skala B mit Punkt 4 auf Skala A verbinden und auf Skala n und φ die Werte ablesen. Auf Skala φ wird der Wert $36{,}8^0$ abgelesen; φ jedoch ist $53{,}2^0$. Auf der Skala n wird der Wert $1{,}79$ abgelesen, dazu ist der Wert „1“ zu addieren und der Punkt $2{,}79$ auf Skala n mit Punkt 3 auf Skala B zu verbinden. Auf Skala Z_1 wird der Wert 5 abgelesen.

$$z = 5 \qquad \varphi = 53{,}2^0.$$

III. Umwandlung komplexer Zahlen.

1. Verwandlung der Nebenform $a + bj$ in die Hauptform $z \cdot e^{j\varphi}$.

$$a + bj = z \cdot e^{j\varphi}.$$

Zur Umwandlung werden die Skalen B, A, Z_1, n und φ benötigt. Den Gebrauch erhellt das Zahlenbeispiel.

$$2 + 3j = z \cdot e^{j\varphi},$$

$$z = \sqrt{2^2 + 3^2} = 3{,}6,$$

$$\operatorname{tg}(\varphi) = 3/2 = 1{,}5 \qquad \varphi = 56{,}3^0.$$

Punkt 2 auf Skala B mit Punkt 3 auf Skala A verbinden und auf Shala φ den Wert $33{,}7^0$ ablesen. Der Winkel φ selbst ist $56{,}3^0$. Außerdem ist für die gleiche Stellung auf Skala n der Wert $2{,}22$ abzulesen. Dazu ist der Wert „1“ hinzuzuzählen und der Wert $3{,}22$ auf Skala n mit dem Punkt 2 auf Skala B zu verbinden. Auf Skala Z_1 wird der Wert $3{,}6$ abgelesen.

$$2 + 3j = 3{,}6 \cdot e^{j56{,}3^0}.$$

2. Verwandlung der Hauptform $z \cdot e^{j\varphi}$ in die Nebenform $a + bj$[1]).

$$z \cdot e^{j\varphi} = a + bj.$$

Zur Auswertung werden die folgenden Skalen benötigt: Z_1, Z_2, Z, $\sin(\varphi)$ und $\cos(\varphi)$. Die Anwendung zeigt das folgende Beispiel.

$$4 \cdot e^{j30^0} = a + bj,$$

$$a = 4 \cdot \cos 30^0 = 3{,}47,$$

$$b = 4 \cdot \sin 30^0 = 2.$$

Auf Skala $\sin(\varphi)$ den Wert $\sin 30^0$ auf Z_2 herüberloten, $0{,}5$ ablesen. Dieser Wert ist mit Punkt 4 auf Skala Z_1 zu verbinden und auf Skala Z

---

[1]) Diese Aufgabe ließe sich auch nach einer anderen Methode lösen.

der Wert 2 abzulesen. Darauf ist von Skala $\cos(\varphi)$ der Wert $\cos 30^0$ auf Skala Z_2 herüberzuloten und der Wert 0,87 abzulesen. Dieser Wert ist mit Punkt 4 auf Skala Z_1 zu verbinden und auf Skala Z der Wert 3,5 abzulesen.

$$4 \cdot e^{j\,30^0} = 3,5 + 2 \cdot j\,.$$

IV. Multiplikation und Division komplexer Zahlen.

1. Multiplikation.

$$(a+bj)\cdot(c+dj) = Z_1 \cdot e^{j\,\varphi_1} \cdot Z_2 \cdot e^{j\,\varphi_2} = Z \cdot e^{j\,\varphi},$$
$$Z = Z_1 \cdot Z_2 \qquad \varphi = \varphi_1 + \varphi_2\,.$$

Zur Auswertung werden folgende Skalen benötigt: B, $A(Z)$, n, φ, Z_2 und Z. Das Zahlenbeispiel zeigt den Gebrauch.

$$(2+4j)\cdot(4+3j) = Z \cdot e^{j\,\varphi}\,.$$

Auf Skala B ist der Wert 2 mit Wert 4 auf Skala A zu verbinden und auf Skala φ der Wert $26{,}7^0$ abzulesen. φ_1 nimmt den Wert $63{,}3^0$ an. Zu Wert 4 auf Skala n ist der Wert „1“ hinzuzuzählen und der Wert 5 auf Skala n mit Wert 2 auf Skala B zu verbinden. Auf Skala Z_1 wird der Wert 4,46 abgelesen, der auf Skala Z_2 zu übertragen ist.

Punkt 3 auf Skala B ist mit Punkt 4 auf Skala A zu verbinden. Auf Skala φ wird der Wert $\varphi_2 = 36{,}7^0$ abgelesen. Auf Skala n ist der Wert 1,79 gleichzeitig abzulesen. Dazu wird der Wert „1“ addiert. Der Wert 2,79 auf Skala n ist mit Wert 3 auf Skala B zu verbinden und auf Skala Z_1 der Wert 5 abzulesen. Punkt 5 auf Skala Z_1 mit Punkt 4,46 auf Skala Z_2 verbunden, ergibt auf Skala Z den Wert 22,3. Der Winkel φ wird $\varphi_1 + \varphi_2$ $99{,}9^0$.

$$(2+4j)\cdot(4+3j) = 22{,}3 \cdot e^{j\,99{,}9^0}\,.$$

2. Division.

$$(a+bj):(c+dj) = Z_1 \cdot e^{j\,\varphi_1} : Z_2 \cdot e^{j\,\varphi_2} = Z \cdot e^{j\,\varphi},$$
$$Z = Z_1 : Z_2 \qquad \varphi = \varphi_1 - \varphi_2\,.$$

Zur Ausrechnung werden dieselben wie unter 1 angegebenen Skalen benötigt. Die Anwendung zeigt das Zahlenbeispiel.

$$(6+5j):(2+3j) = Z \cdot e^{j\,\varphi}\,.$$

Auf Skala B ist der Wert 5 mit Wert 6 auf Skala A zu verbinden und auf Skala φ der Wert $\varphi_1 = 40^0$ abzulesen. Auf Skala n wird der Wert 1,42 abgelesen, dazu der Wert „1“ addiert und 2,42 auf Skala n mit Punkt auf Skala B verbunden. Auf Skala Z_1 wird der Wert 7,8 abgelesen, der auf Skala Z übertragen wird.

Auf Skala B wird der Wert 2 mit Wert 3 auf Skala A verbunden und auf Skala φ der Wert $\varphi_2 = 56{,}3^0$ abgelesen. Außerdem wird auf

Skala n der Wert 2,22 ermittelt, dazu 1 addiert und der Wert 3,22 mit Punkt 2 auf Skala B verbunden. Auf Skala Z_1 wird der Wert 3,6 abgelesen.

Verbindet man den Wert 7,8 auf Skala Z mit dem Wert 3,6 auf Skala Z_1, so liest man auf der Skala Z_2 den Wert 2,17 ab, der den absoluten Betrag darstellt. Der Winkel φ ist

$$\varphi_1 - \varphi_2 = 40^0 - 56,3^0 = - 16,3^0.$$

$$\frac{6 + 5j}{2 + 3j} = 2,17 \cdot e^{-j\,16,3^0}\,.$$

Literaturverzeichnis.

1. Arch. f. Elektrot., Bd. III, S. 315 und Bd. VIII, S. 61. Berlin: Julius Springer.

2. Fränkel, Theorie der Wechselströme. 1921. Berlin: Julius Springer.

3. Vieweg-Grünbaum: Elektrotechnik. 1924. Leipzig: Thieme.

4. Hund: Hochfrequenzmeßtechnik. 1922. Berlin: Julius Springer.

5. Lübben: Röhrenempfangsschaltungen. 1925. Berlin: Meusser.

6. Nesper: Radio-Schnelltelegraphie. 1922. Berlin: Julius Springer.

7. Nesper: Bibliothek des Radio-Amateurs, Bd. 2 und Bd. 12. 1924. Berlin: Julius Springer.

8. Strecker: Hilfsbuch für die Elektrotechnik. 1921. Berlin: Julius Springer.

9. Zeitschriften:
   a) Amateur-Wireless.
   b) Funk.
   c) Modern-Wireless.
   d) Radio-Amateur.
   e) Radio-Broadcast.

Rechentafel.

$\eta = \operatorname{cotg}^2 \varphi$

B | A | Z₁ | φ | Z | Z₂ | sin φ | cos φ

Eichelberger, Kettenleiter.

Verlag von Julius Springer in Berlin.

Bibliothek des Radio-Amateurs. Herausgegeben von Dr. **Eugen Nesper.**

1. Band: **Meßtechnik für Radio-Amateure.** Von Dr. **Eugen Nesper.** Dritte Auflage. Mit 48 Textabbildungen. (56 S.) 1925. 0.90 Goldmark
2. Band: **Die physikalischen Grundlagen der Radiotechnik.** Von Dr. **Wilhelm Spreen.** Dritte, verbesserte und vermehrte Auflage. Mit 127 Textabbildungen. (162 S.) 1925. 2.70 Goldmark
3. Band: **Schaltungsbuch für Radio-Amateure.** Von **Karl Treyse.** Neudruck der zweiten, vervollständigten Auflage. (19.—23. Tausend.) Mit 141 Textabbildungen. (64 S.) 1925. 1.20 Goldmark
4. Band: **Die Röhre und ihre Anwendung.** Von **Hellmuth C. Riepka,** zweiter Vorsitzender des Deutschen Radio-Clubs. Zweite, vermehrte Auflage. Mit 134 Textabbildungen. (111 S.) 1925. 1.80 Goldmark
5. Band: **Praktischer Rahmen-Empfang.** Von Ing. **Max Baumgart.** Zweite, vermehrte und verbesserte Auflage. Mit 51 Textabbildungen. (82 S.) 1925. 1.80 Goldmark
6. Band: **Stromquellen für den Röhrenempfang** (Batterien und Akkumulatoren). Von Dr. **Wilhelm Spreen.** Mit 61 Textabbildungen. (76 S.) 1924. 1.50 Goldmark
7. Band: **Wie baue ich einen einfachen Detektor-Empfänger?** Von Dr. **Eugen Nesper.** Mit 30 Abbildungen im Text und auf einer Tafel. Zweite Auflage. (61 S.) 1925. 1.35 Goldmark
8. Band: **Nomographische Tafeln** für den Gebrauch in der Radiotechnik. Von Dr. **Ludwig Bergmann.** Mit 47 Textabbildungen und zwei Tafeln. Zweite Auflage. Erscheint im Herbst 1925.
9. Band: **Der Neutrodyne-Empfänger.** Von Dr. **Rosa Horsky.** Mit 57 Textabbildungen. (53 S.) 1925. 1.50 Goldmark
10. Band: **Wie lernt man morsen?** Von Studienrat **Julius Albrecht.** Mit 7 Textabbildungen. Zweite Auflage. (44 S.) 1925. 1.35 Goldmark
11. Band: **Der Niederfrequenz-Verstärker.** Von Ing. **O. Kappelmayer.** Zweite, verbesserte Auflage. Mit 57 Textabbildungen. (112 S.) 1925. 1.80 Goldmark
12. Band: **Formeln und Tabellen** aus dem Gebiete der Funktechnik. Von Dr. **Wilhelm Spreen.** Mit 34 Textabbildungen. (80 S.) 1925. 1.65 Goldmark
13. Band: **Wie baue ich einen einfachen Röhrenempfänger?** Von **Karl Treyse.** Mit 28 Textabbildungen. (55 S.) 1925. 1.35 Goldmark
15. Band: **Innen-Antenne und Rahmen-Antenne.** Von Dipl.-Ing. **Friedrich Dietsche.** Mit 25 Textabbildungen. (67 S.) 1925. 1.35 Goldmark
16. Band: **Baumaterialien für Radio-Amateure.** Von **Felix Cremers.** Mit 10 Textabbildungen. (101 S.) 1925. 1.80 Goldmark
17. Band: **Reflex-Empfänger.** Von Radio-Ingenieur **Paul Adorján.** Mit 60 Textabbildungen. (61 S.) 1925. 2.10 Goldmark
18. Band: **Das Fehlerbuch des Radio-Amateurs.** Von Ing. **Siegmund Strauß.** Mit 75 Textabbildungen. (86 S.) 1925. 2.10 Goldmark
19. Band: **Rufzeichen-Liste für Radio-Amateure.** Von **Erwin Meißner.** (140 S.) 1925. 3 Goldmark
20. Band: **Lautsprecher.** Von Dr. **Eugen Nesper.** Mit 159 Textabbildungen. (145 S.) 1925. 3.30 Goldmark; gebunden 4.20 Goldmark
21. Band: **Funktechnische Aufgaben und Zahlenbeispiele.** Von Dr.-Ing. **Karl Mühlbrett.** Mit 46 Textabbildungen. (97 S.) 1925. 2.10 Goldmark

Verlag von Julius Springer in Berlin W 9

Bibliothek des Radio-Amateurs. Herausgegeben von Dr. **Eugen Nesper.**

In den nächsten Wochen werden erscheinen:

14. Band: **Die Telephonie-Sender.** Von Dr. **P. Lertes.**
22. Band: **Ladevorrichtungen und Regenerier-Einrichtungen der Betriebsbatterie für den Röhrenempfang.** Von Dipl.-Ing. **Friedrich Dietsche.** Mit 56 Textabbildungen.
24. Band: **Hochfrequenzverstärker.** Von Dipl.-Ing. Dr. **Arthur Hamm.**
25. Band: **Die Hoch-Antenne.** Von Dipl.-Ing. **Friedrich Dietsche.**
26. Band: **Reinartz- (Leithäuser-) Schaltungen.** Von Ingenieur **Walther Sohst.**
27. Band: **Der Superheterodyne-Empfänger.** Mit etwa 80 Textabbildungen. Von Ober-Ing. **E. F. Medinger.**
    Die Methode der graphischen Darstellung und ihre Anwendung in Theorie und Praxis der Radio-Technik. Von Herold.

Lehrkurs für Radio-Amateure

Leichtverständliche Darstellung der drahtlosen Telegraphie und Telephonie unter besonderer Berücksichtigung der Röhrenempfänger

Von

H. C. Riepka

Mitglied des Hauptprüfungsausschusses
des Deutschen Radio-Clubs e. V., Berlin

Mit 151 Textabbildungen. (159 S.) Gebunden 4.50 Goldmark

Radio-Technik für Amateure

Anleitungen und Anregungen für die Selbstherstellung von Radio-Apparaturen, ihren Einzelteilen und ihren Nebenapparaten

Von

Dr. Ernst Kadisch

Mit 216 Textabbildungen. (216 S.) 1925

Gebunden 5.10 Goldmark

Verlag von Julius Springer in Berlin W 9

Der Radio-Amateur

(Radio-Telephonie)

Ein Lehr- und
Hilfsbuch für die Radio-Amateure aller Länder

Von

Dr. **Eugen Nesper**

Sechste, vollständig umgearbeitete und erweiterte Auflage

Mit 955 Textabbildungen auf 887 Seiten

Gebunden 27 Goldmark

In kurzer Zeit sind fünf Auflagen des Nesperschen Buches vollkommen vergriffen gewesen. Der bekannte Verfasser hat jetzt das Gesamtgebiet völlig neu durchgearbeitet und damit wieder ein Buch geschaffen, das bis ins einzelne ein umfassendes Lehr- und Nachschlagewerk über das Radioamateurwesen, oder richtiger gesagt: die Radiotelephonie darstellt. Die neue Auflage geht auf alle Schaltungen, Apparateausführungen, Entwicklungen, Behelfe, Zubehörteile, Fehler, Erfahrungen usw. ein, die seit Betätigung der Radiotelephonie auch in Deutschland entstanden sind. Schaltungen, Tabellenmaterial, Einzelteile usw. sind stark vermehrt. Das Buch bietet für jeden Interessenten ein vollständiges Kompendium alles Wissenswerten auf dem Gebiete des Radioamateurwesens. Das umfangreiche Tabellen- und Herstellungsmaterial ermöglicht es dem ersten Anfänger wie dem routinierten Bastler, sich die für seinen Bedarf jeweils günstigen Apparate und Schaltungen herzustellen.

Grundversuche
mit Detektor und Röhre

Von

Dr. **Adolf Semiller**

Studienrat am Askanischen Gymnasium und Real-Gymnasium zu Berlin

Mit 29 Textabbildungen

(48 S.) 1925. 2.10 Goldmark

Verlag von Julius Springer und M. Krayn in Berlin W 9

Der Radio-Amateur

Zeitschrift für Freunde der drahtlosen Telephonie und Telegraphie

Organ des Deutschen Radio-Clubs

Unter ständiger Mitarbeit von

Dr. Walther Burstyn-Berlin, Dr. Peter Lertes-Frankfurt a. M., Dr. Siegmund Loewe-Berlin und Dr. Georg Seibt-Berlin u. a. m.

Herausgegeben von

Dr. Eugen Nesper-Berlin und Dr. Paul Gehne-Berlin

Erscheint wöchentlich
mit Wochenprogramm sämtlicher deutscher Rundfunksender

Vierteljährlich 5 Goldmark zuzüglich Porto

(Die Auslieferung erfolgt vom Verlag Julius Springer in Berlin W 9)

Verlag von Julius Springer in Berlin W 9

Englisch-Deutsches und Deutsch-Englisches Wörterbuch der Elektrischen Nachrichtentechnik. Von O. Sattelberg, im Telegraphischen Reichsamt Berlin.

Erster Teil: Englisch-Deutsch. (292 S.) 1925. Gebunden 9 Goldmark
Zweiter Teil: Deutsch-Englisch. Erscheint im Oktober 1925

Radiotelegraphisches Praktikum. Von Dr.-Ing. H. Rein. Dritte, umgearbeitete und vermehrte Auflage. Von Prof. Dr. K. Wirtz, Darmstadt. Mit 432 Textabbildungen und 7 Tafeln. (577 S.) 1921. Berichtigter Neudruck. 1922. Gebunden 20 Goldmark

---

Hochfrequenzmeßtechnik. Ihre wissenschaftlichen und praktischen Grundlagen. Von Dr.-Ing. August Hund, Beratender Ingenieur. Mit 150 Textabbildungen. (340 S.) 1922. Gebunden 11 Goldmark

---

Der Fernsprechverkehr als Massenerscheinung mit starken Schwankungen. Von Dr. G. Rückle und Dr.-Ing. F. Lubberger. Mit 19 Abbildungen im Text und auf einer Tafel. (155 S.) 1924. 11 Goldmark; gebunden 12 Goldmark